“十二五”全国高校动漫游戏专业课程权威教材

1 CD
全彩印刷

中文版 **Illustrator CS6 平面设计**

全实例

张丕军　杨顺花　张　婉　编著

50

种设计思路
幅范例制作流程图
个产品制作模板
个范例制作视频

U0393377

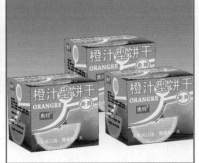

海洋出版社

2013年・北京

内 容 简 介

本书以 50 个典型范例的制作流程图、范例效果图、精彩应用效果图、具体操作步骤和视频教学，详细、完整、准确地介绍了 Illustrator CS6 在平面设计领域的精彩应用。

全书分为 8 章，分别以范例"圆点描边效果、撕边立体字、斑点字、透明立体字和变形艺术字"介绍文字特效设计；以范例"圆角矩形按钮、圆形按钮、圆点按钮、钮扣按钮和光泽玻璃按钮"介绍按钮设计；以范例"《堆雪人》插图、《圣诞树》插图、国画—萝卜、玫瑰花、卡通女孩和动物—金鱼"介绍绘画技巧；以范例"带状图案、圆形图案、布类图案和方形图案"介绍了图案设计；以范例"将位图处理成高对比度效果、将位图处理成水粉画效果、将位图处理成油画效果和将位图转成矢量图效果"介绍位图处理；以范例"折扇、陶瓷碗、读卡器、手机、收音机和手表"介绍工业产品设计；以范例"标志、中性笔、信封信纸、宣传气球、服装和工作证"介绍企业 CI 设计；最后以范例"通行证设计、酒类广告设计、房地产广告、周年庆典 POP 广告、服装海报设计、宣传单设计、招贴画、商贸城广告设计、贺卡设计、塑料袋包装设计、日历设计、包装平面效果图设计、包装立体效果图设计和规划设计"综合介绍了使用 Illustraror CS6 制作广告、包装和效果图的方法与技巧。

读者对象：高等院校平面设计专业师生和社会平面设计培训班，平面设计、三维动画设计、影视广告设计、电脑美术设计、电脑绘画、网页制作、室内外设计与装修等广大从业人员。

图书在版编目(CIP)数据

中文版 Illustrator CS6 平面设计全实例/张丕军，杨顺花，张婉编著. —北京：海洋出版社，2013.9

ISBN 978-7-5027-8644-1

Ⅰ.①中… Ⅱ.①张…②杨…③张… Ⅲ.①图形软件 Ⅳ.①TP391.41

中国版本图书馆 CIP 数据核字（2013）第 206771 号

总 策 划：刘 斌	发 行 部：(010) 62174379（传真）(010) 62132549
责任编辑：刘 斌	(010) 68038093（邮购）(010) 62100077
责任校对：肖新民	网 址：www.oceanpress.com.cn
责任印制：赵麟苏	承 印：北京旺都印务有限公司
排 版：海洋计算机图书输出中心 申彪	版 次：2013 年 9 月第 1 版
	2013 年 9 月第 1 次印刷
出版发行：海洋出版社	开 本：787mm×1092mm 1/16
地 址：北京市海淀区大慧寺路 8 号（716 房间）	印 张：23.25（全彩印刷）
100081	字 数：558 千字
经 销：新华书店	印 数：1～3000 册
技术支持：(010) 62100055 hyjccb@sina.com	定 价：68.00 元（含 1CD）

本书如有印、装质量问题可与发行部调换

圆点描边效果（P2）

撕边立体字（P7）

斑点字（P12）

透明立体字（P16）

变形艺术字（P20）

圆角矩形按钮（P28）

圆形按钮（P31）

圆点按钮（P36）

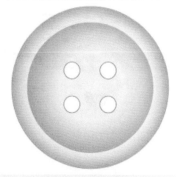

纽扣按钮（P41）

光泽玻璃按钮（P45）

《堆雪人》插图 (P56)

《圣诞树》插图 (P61)

国画——萝卜 (P65)

玫瑰花 (P72)

卡通女孩 (P79)

动物——金鱼 (P85)

带状图案 (P92)

圆形图案 (P98)

布类图案 (P105)

方形图案 (P115)

将位图处理成高对比度效果 (P131)

将位图处理成水粉画效果 (P135)

将位图处理成油画效果 (P139)

读卡器 (P159)

将位图转换成矢量图效果 (P142)

手机 (P166)

折扇 (P146)

收音机 (P177)

陶瓷碗 (P154)

手表 (P190)

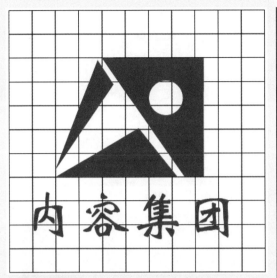

标志（P217）

服装（P235）

工作证（P240）

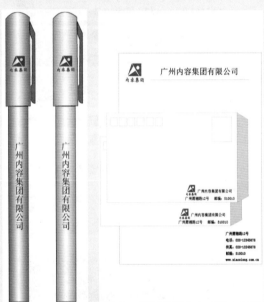

中性笔（P220）信封信纸（P225

宣传气球（P230）

通行证设计（P246）

酒类广告设计（P250）

服装海报设计（P269）

宣传单设计（P280）

房地产广告（P256）

周年庆典POP广告（P261）

招贴画（P288）

商贸城广告设计（P298）

日历设计（P324）

贺卡设计（P304）

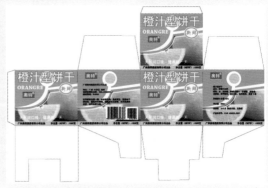

包装平面效果图设计（P331）

塑料袋包装设计（P311）

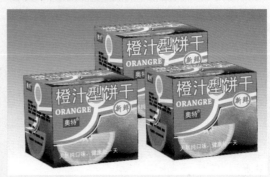

包装立体效果图设计（P343）

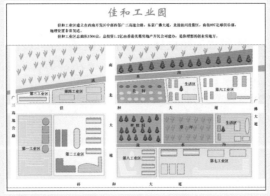

规划设计（P350）

前言
Preface

中文版Illustrator CS6是Adobe公司推出的一款功能强大且使用范例广泛的绘图软件。在广告业、印刷业、标牌制作、雕刻与制造业等领域，Illustrator 为用户提供了制作精良且富有创造性的矢量图和专业的版面设计所需的工具。

本书共分为8章，具体内容介绍如下。

第1章介绍了文字特效，包括范例圆点描边效果、撕边立体字、斑点字、透明立体字和变形艺术字。

第2章介绍了按钮系列，包括范例圆角矩形按钮、圆形按钮、圆点按钮、纽扣按钮和光泽玻璃按钮。

第3章介绍了绘画系列，包括范例《堆雪人》插图、《圣诞树》插图、国画—萝卜、玫瑰花、卡通女孩和动物—金鱼。

第4章介绍了图案系列，包括范例带状图案、圆形图案、布类图案和方形图案。

第5章介绍了位图系列，包括范例将位图处理成高对比度效果，将位图处理成水粉画效果，将位图处理成油画效果和将位图转成矢量图效果。

第6章介绍了工业产品系列，包括范例折扇、陶瓷碗、读卡器、手机、收音机和手表。

第7章介绍了企业CI设计，包括范例标志、中性笔、信封信纸、宣传气球、服装和工作证。

第8章介绍了广告、包装和效果图设计，包括范例通行证设计、酒类广告设计、房地产广告、周年庆典POP广告、服装海报设计、宣传单设计、招贴画、商贸城广告设计、贺卡设计、塑料袋包装设计、日历设计、包装平面效果图设计、包装立体效果图设计和规划设计。

本书特点介绍如下：

（1）基础知识紧跟实用范例，书中范例都是初学者想掌握的热点、焦点，设计思路清晰，步骤讲解详细，环环紧扣。

（2）每个范例除了有效果图外，还配有类似效果的实际应用图，同时还提供了范例的制作流程图，三图合一，极大地提升了范例的实用性和指向性，可以学完就能用，学完就能上岗，降低上手难度，使读者能够快速完成从菜鸟到高手的蜕变。

（3）书中50个典型范例就是50种应用、50种设计思路、50种制作方法、50个产品制作模板，读者在学完的基础上可以举一反三、活学活用。

（4）配备多媒体视频教学。配套光盘中的视频教学文件立体演示每个范例的具体实现步骤，学习起来事半功倍，创意无限！

书中的大部分范例都在课堂上多次讲过，深受学员们的喜爱。本书不但是高等院校平面设计专业教材，也是社会平面设计培训班的优秀教材，同时也可作为平面设计师的最佳参考模板。

本书由张丕军、杨顺花、张婉编著，其中张婉编写了第1～3章，其他章节和全书统筹由张丕军和杨顺花完成。在编写本书的过程中还得到了杨喜程、唐帮亮、王靖城、莫振安、杨顺乙、杨昌武、龙幸梅、张声纪、唐小红、武友连、王翠英、韦桂生等亲朋好友的大力支持，以及其他许多单位和个人的热心支持和帮助，在此一并表示衷心的感谢！

编者

Contents 目录

第5章　位图系列

第6章　工业产品系列

第7章　企业CI设计

第8章 广告、包装、效果图设计

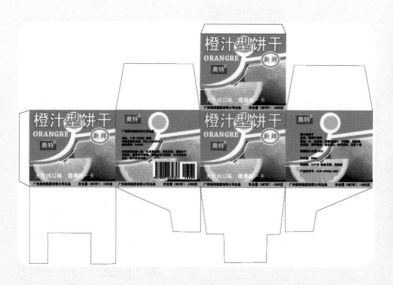

中文版
Illustrator CS6
平面设计全实例

第1章
文字特效

本章通过圆点描边效果、撕边立体字、斑点字、透明立体字和变形艺术字5个范例的制作，介绍了文字特效的制作技巧。

1.1 圆点描边效果

实例说明

在制作广告招牌、封面设计、图案、标志文字、珍珠首饰时，都可以用到本例中的"圆点描边"效果。如图1-1所示为实例效果图，如图1-2所示为类似效果的实际应用效果图。

图1-1　圆点描边效果最终效果图　　　　　图1-2　精彩效果欣赏

设计思路

本例将使用Illustrator为文字添加圆点描边效果，先新建一个文档，再使用文字工具、直接选择工具、创建轮廓、【渐变】面板制作渐变文字，然后使用椭圆工具、新建画笔、【画笔】面板等工具与命令为文字添加圆点描边，最后使用矩形工具、置于底层，填色等工具与命令为画面添加一个背景。如图1-3所示为制作流程图。

① 用文字工具输入文字并将文字创建成轮廓

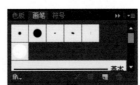
④ 将小圆创建成画笔

② 用渐变与颜色面板给文字轮廓填充渐变颜色

⑤ 将小圆画笔应用到文字上，以给文字描边

③ 用椭圆工具绘制一个小圆，并填充白色

⑥ 用矩形工具绘制一个矩形，并填充所需的颜色用来作背景

图1-3　制作流程图

操作步骤

01 开启Illustrator CS6程序，在【文件】菜单中执行【新建】命令或按【Ctrl + N】键弹出【新建文档】对话框，在其中的【大小】下拉列表中选择A4，单击按钮将页面设为横向，如图1-4所示，其他为默认值，单击【确定】按钮，即可新建一个文档。

02 在工具箱中选择文字工具，在画面中单击出现一闪一闪的光标，按【Ctrl + Shift】键选择智能ABC输入法，显示一个按钮，再在键盘上键入"恭喜发财"的拼音"gongxifacai"，如图1-5所示，按空格键，即可显示出"恭喜发财"文字，如图1-6所示，再次按空格键在画面中输入"恭喜发财"文字，结果如图1-7所示。

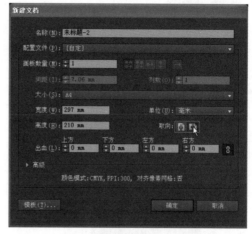

图1-4 【新建文档】对话框

图1-5 输入文字　　　　　图1-6 输入文字　　　　　图1-7 输入文字

提 示

用户也可以选择自己熟悉的输入法。

03 按【Ctrl + A】键选择刚输入的文字，在控制栏中设置【字体】为华文行楷，【字体大小】为170pt，其他不变，如图1-8所示。

04 在工具箱中选择直接选择工具，确认文字输入，在菜单中执行【文字】→【创建轮廓】命令，将文字转换成复合路径来进行编辑，画面效果如图1-9所示。

图1-8 设置字符格式

图1-9 创建轮廓

3

提 示

利用"创建轮廓"命令可以将文字转换为复合路径，就像编辑和处理其他图形对象一样编辑和处理这些复合路径。

05 在【渐变】面板的【类型】下拉列表中选择径向，在渐变条中双击右边的渐变滑块（"渐变滑块"通常称为"色标"），弹出【颜色】面板，在其中设置所需的颜色值"C：100，M：13.93，Y：0，K：0"；如图1-10所示，画面中选择的对象就进行了渐变填充，效果如图1-11所示。双击左边色标，同样在弹出的【颜色】面板中设置所需的颜色，如图1-12所示，设置好颜色后在【渐变】面板中再次单击左边色标，在其中设置它的【不透明度】为100%，其他不变，如图1-13所示，即可得到如图1-14所示的效果。

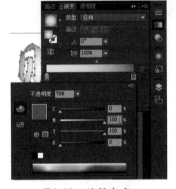

图1-10　编辑渐变

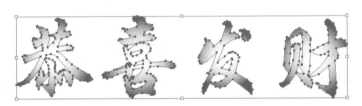

图1-11　应用渐变后的效果

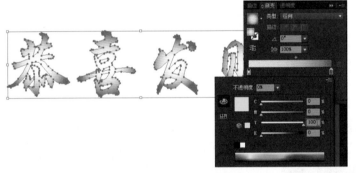

图1-12　编辑渐变

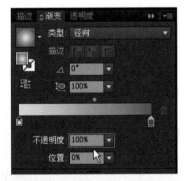

图1-13　设置不透明度

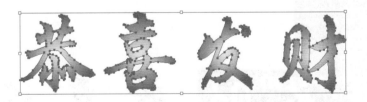

图1-14　填充渐变颜色后的效果

06 在工具箱中选择◯椭圆工具，在画面的空白处单击，弹出【椭圆】对话框，在其中设置【宽度】和【高度】均为8mm，如图1-15所示，单击【确定】按钮，即可得到一个圆，并使用前面设置的渐变进行了填充，效果如图1-16所示。

图1-15 【椭圆】对话框　　　　　　　　　　　　图1-16 绘制圆形

07 在控制栏中设置填色为白色，描边为无，将渐变圆改为白色圆，画面效果如图1-17所示。

图1-17 改变圆形属性

提 示

可以直接在【颜色】面板中设置填色和描边。单击填色或描边后的按钮，弹出【色板】面板，在其中单击所需的颜色即可。

08 按【F5】键显示【画笔】面板，在其中单击 (新建画笔)按钮，弹出【新建画笔】对话框，并在其中选择【散点画笔】单选框，如图1-18所示，单击【确定】按钮，接着弹出如图1-19所示的【散点画笔选项】对话框，采用默认值，单击【确定】按钮，即可将选择的白色圆创建成散点画笔了。

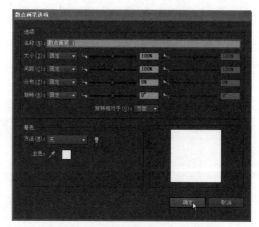

图1-18 新建画笔　　　　　　　图1-19 【散点画笔选项】对话框

09 显示【画笔】面板，可以发现里面已经添加了一个散点画笔，如图1-20所示，按【Delete】键将画面中选择的白色圆删除，再在工具箱中选择选择工具，在画面中单击文字，以选择文字，如图1-21所示。

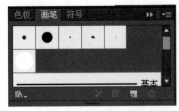

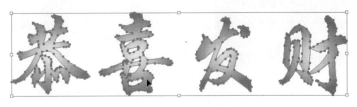

图1-20 【画笔】面板   图1-21 选择文字

10 在【画笔】面板中双击"散点画笔1"，弹出【散点画笔选项】对话框，在其中设置【大小】为20%，【间距】为23%，其他为默认值，如图1-22所示，单击【确定】按钮，弹出【画笔更改警告】对话框，如图1-23所示，单击【应用于描边】按钮，就可得到如图1-24所示的效果。

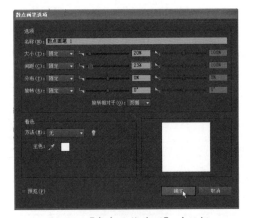

图1-22 【散点画笔选项】对话框   图1-23 【画笔更改警告】对话框

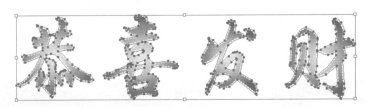

图1-24 应用画笔后的效果

11 在工具箱中选择 ■ 矩形工具，在画面上拖出一个矩形框住文字，如图1-25所示。

图1-25 绘制矩形

⑫ 在【颜色】面板中色谱上单击所需的颜色，如图1-26所示，以给矩形进行颜色填充，再在【对象】菜单中执行【排列】→【置于底层】命令，将矩形置于底层，得到如图1-27所示的效果。圆点描边效果就制作完成了。

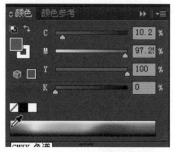

图1-26 【颜色】面板

图1-27 最终效果图

1.2 撕边立体字

实例说明

在制作广告招牌、封面文字设计、衣服图案、海报时，都可以用到本例中的"撕边立体字"效果。如图1-28所示为实例效果图，如图1-29所示为类似范例的实际应用效果图。

图1-28 撕边立体字最终效果图

图1-29 精彩效果欣赏

设计思路

本例将利用Illustrator为文字添加撕边立体效果，先新建一个文档，再使用文字工具、选择工具、【颜色】面板输入与备份文字，然后使用缩放、方向键、混合工具、直接选择工具、排列等工具与命令为文字添加立体效果，最后使用【喷溅】、【内发光】、【透明度】面板和矩形工具等工具与命令为文字添加撕边效果，并添加一个背景。如图1-30所示为制作流程图。

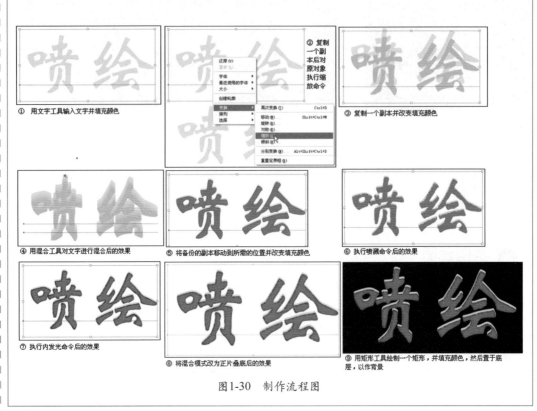

① 用文字工具输入文字并填充颜色

② 复制一个副本后对原对象执行缩放命令

③ 复制一个副本并改变填充颜色

④ 用混合工具对文字进行混合后的效果

⑤ 将备份的副本移动到所需的位置并改变填充颜色

⑥ 执行喷溅命令后的效果

⑦ 执行内发光命令后的效果

⑧ 将混合模式改为正片叠底后的效果

⑨ 用矩形工具绘制一个矩形，并填充颜色，然后置于底层，以作背景

图1-30　制作流程图

操作步骤

01 按【Ctrl + N】键，并在弹出的对话框中设置页面取向为横向，单击【确定】按钮新建一个文档。

02 在工具箱中选择 **T** 文字工具，在画面中单击并输入"喷绘"文字，按【Ctrl + A】键选择文字；在选项栏中设置【字体】为华文新魏，【字体大小】为200pt，即可得到如图1-31所示的文字。

图1-31　输入文字

03 在工具箱中选择 选择工具，确认文字输入，再在【颜色】面板中设置填色为"C：35，M：3，Y：3.4，K：0"；如图1-32所示，得到如图1-33所示的效果。

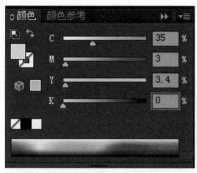

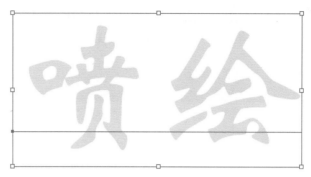

图1-32 【颜色】面板　　　　　　　　图1-33 填充颜色后的效果

04 按【Alt】键将文字向下拖动到适当位置松开左键复制一组文字，以作备用，如图1-34所示。

05 在原文字上右击，在弹出的快捷菜单中选择【变换】→【缩放】命令，如图1-35所示，接着弹出【比例缩放】对话框，在其中单击【复制】按钮，将选择文字进行复制，由于复制的文字没有移动，所以画面没有任何变化。

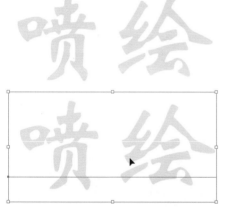

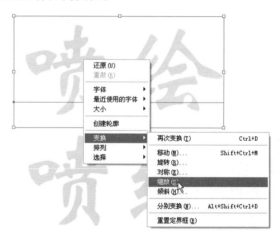

图1-34 复制一个副本　　　　　　　　图1-35 选择【缩放】命令

06 在【颜色】面板中设置填色为"C：11，M：29，Y：74，K：0"，得到如图1-36左所示效果。

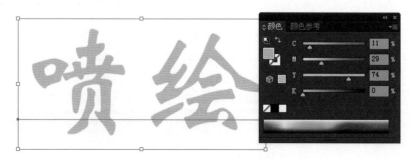

图1-36 改变填充颜色

07 在键盘上按【↓】键5次，再按【Shift＋↓】键两次加大间距，得到如图1-37所示的效果。

9

08 在工具箱中双击 🔲 混合工具，在弹出的对话框中设置【间距】为指定的步数，步数为20，如图1-38所示，单击【确定】按钮。

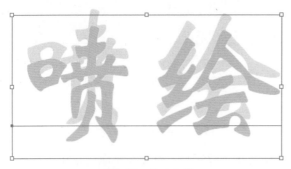

图1-37　移动文字

图1-38　【混合选项】对话框

09 在黄色文字上单击，如图1-39所示，再移动指针到上面适当位置，当指针呈 ⬛ 状（如图1-40所示）时单击，即可将这两个文字进行混合，效果如图1-41所示。

图1-39　创建混合

图1-40　创建混合

10 使用直接选择工具在画面的空白处单击取消选择，再选择黄色文字，然后按【Shift +↑】键两次将其向上移动，结果如图1-42所示。再将备份的文字拖到黄色文字的适当位置，按【Ctrl + Shift +]】键将其排到最上面，得到如图1-43所示的效果。

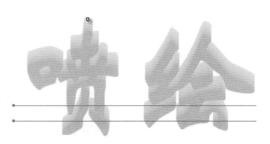

图1-41　混合后的效果

图1-42　移动文字

图1-43　改变排放顺序后的效果

11 在【颜色】面板中设置填色为"C：0.9，M：75，Y：27，K：0"；描边为"C：38.8，M：100，Y：99.8，K：4.1"；即可得到如图1-44所示的效果。

图1-44 改变颜色后的效果

12 在菜单中执行【效果】→【画笔描边】→【喷溅】命令，在弹出的对话框中设置【喷色半径】为"19"，【喷色半径】为"6"，如图1-45所示，单击【确定】按钮，得到如图1-46所示的效果。

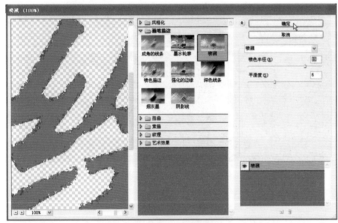

图1-45 【喷溅】对话框

图1-46 喷溅效果

13 在菜单中执行【效果】→【风格化(S)】→【内发光】命令，在弹出的对话框中设置【模式】为"正常"，【颜色】为"黑色"，勾选【预览】复选框，如图1-47所示，单击【确定】按钮，得到如图1-48所示的效果。

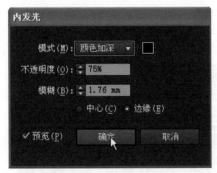

图1-47 【内发光】对话框

图1-48 添加了内发光后的效果

14 在【透明度】面板中设置混合模式为【正片叠底】，【不透明度】为85%，如图1-49所示，得到如图1-50所示的效果。

11

图1-49 【透明度】面板

图1-50 改变不透明度后的效果

15 在工具箱中选择 矩形工具，在画面上沿着文字拖出一个矩形将文字框住，并在【颜色】面板中设置填色为黑色，描边为无，如图1-51所示，然后按【Ctrl + Shift + [】键将矩形排放到最后面，画面效果如图1-52所示。撕边立体字就制作完成了。

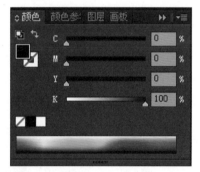

图1-51 【颜色】面板

图1-52 最终效果图

1.3 斑点字

实例说明

在制作广告招牌、海报、图案时，都可以用到本例中的"斑点字"效果。如图1-53所示为实例效果图，如图1-54所示为类似范例的实际应用效果图。

图1-53 斑点字最终效果图

图1-54 精彩效果欣赏

设计思路

本例将利用Illustrator为文字添加斑点效果，先新建一个文档，再使用文字工具、选择工具、【颜色】面板输入与备份文字，然后使用创建轮廓、偏移路径、取消编组、铜版雕刻、填色等工具与命令为文字添加斑点效果，最后使用矩形工具绘制一个背景。如图1-55所示为制作流程图。

① 用文字工具输入文字后再复制一个副本

② 将文字创建成轮廓后，再执行【偏移路径】命令，将路径偏移。

③ 用选择工具选择文字后取消编组

④ 选择上层文字并设置描边色与粗细

⑤ 将备份的副本拖动到原对象上并改变填充颜色

⑥ 执行【铜版雕刻】命令后的效果

⑦ 用矩形工具绘制一个矩形，并填充颜色，然后置于底层来作背景

图1-55　制作流程图

操作步骤

01 按【Ctrl + N】键，在弹出的对话框中设置页面取向为横向，其他不变，单击【确定】按钮，新建一个文件。

02 在工具箱中选择 **T** 文字工具，在画面中单击并输入"静"文字，按【Ctrl + A】键选择文字；在选项栏中设置【字体】为华文行楷，【字体大小】为300pt，在工具箱中单击选择工具确认文字输入，画面效果如图1-56所示。

03 按【Alt】键将文字向右拖动到适当位置时松开左键和【Alt】键，即可复制一个文字，将复制前的文字作备用，如图1-57所示。

图1-56　输入文字

图1-57　复制一个副本以作备份

04 在原文字上右击，在弹击的快捷菜单中选择【创建轮廓】命令，将文字转换为复合路径，画面效果如图1-58所示。

05 在菜单中执行【对象】→【路径】→【偏移路径】命令，在弹出的对话框中设置【位移】为1.5mm，【连接】为斜接，【斜接限制】为4，如图1-59所示，单击【确定】按钮，得到如图1-60所示的效果。

图1-58　创建轮廓　　　　图1-59　【偏移路径】对话框　　　　图1-60　偏移路径后的效果

06 在空白处单击取消选择，在画面中单击上层的"静"以选择它，如图1-61所示；接着在文字上右击，然后在弹出的快捷菜单中选择【取消编组】命令，如图1-62所示。

图1-61　选择轮廓　　　　　　　　　图1-62　取消编组

07 在空白处单击【取消选择】，再在画面中单击上层的"静"以选择它，得到如图1-63所示的效果。

08 在控制栏中设置描边为白色，将描边粗细改为2pt，得到如图1-64所示的效果。

09 将前面备份的"静"字移到描边的文字处，并与其对齐，如图1-65所示；在【颜色】面板中设置填色为"C：88，M：61，Y：23，K：0"，得到如图1-66所示的效果。在移动文字时一定要将它们完全吻合。

图1-63 选择上层的轮廓

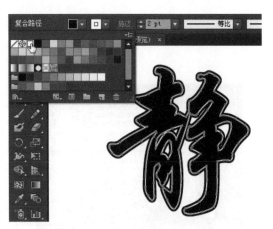

图1-64 改变描边粗细后的效果

图1-65 将备份的文字到描边文字上

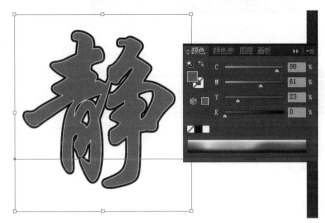

图1-66 改变填色后的效果

⑩ 在菜单中执行【效果】→【像素化】→【铜版雕刻】命令，弹出【铜版雕刻】对话框，在其中设置【类型】为"粗网点"，如图1-67所示，单击【确定】按钮，得到如图1-68所示的效果。

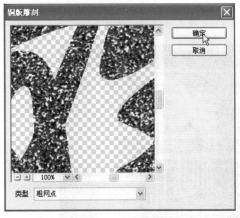

图1-67 【铜版雕刻】对话框

图1-68 添加铜版雕刻后的效果

⑪ 在工具箱中选择█矩形工具，在画面中拖出一个矩形将文字遮住，接着在键盘上按【Shift＋Ctrl＋[】键把它排到最后面，再在【颜色】面板中设置"C：44，M：2.8，Y：2.8，K：

0"，如图1-69所示，得到如图1-70所示的效果。斑点字就制作完成了。

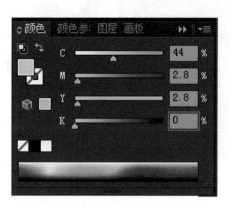

图1-69　【颜色】面板

图1-70　最终效果图

1.4　透明立体字

🕐 实例说明

　　在制作广告招牌、海报设计、图案、模型设计时，都可以用到本例中的"透明立体字"效果。如图1-71所示为实例效果图，如图1-72所示为类似范例的实际应用效果图。

图1-71　透明立体字最终效果图

图1-72　精彩效果欣赏

设计思路

本例将利用Illustrator将文字处理为透明立体效果，先新建一个文档，再使用文字工具、选择工具、【颜色】面板输入文字并改变不透明度，然后使用【凸出和斜角】、编组等工具与命令为文字透明立体效果，最后使用【置入】命令置入一个背景。如图1-73所示为制作流程图。

① 用文字工具输入文字后点选选择工具确认文字输入再改变其不透明度

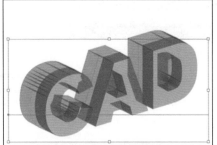

② 执行【凸出和斜角】命令后得到的立体透明文字

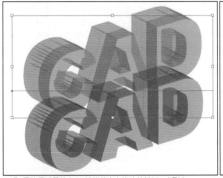

③ 用选择工具结合Alt键将其向上拖动并复制一个副本，然后改变其填充颜色

④ 置入一张图片，并改变其不透明度，然后置于底层，以作背景

图1-73　制作流程图

操作步骤

01 按【Ctrl + N】键新建一个文档，在工具箱中选择 T 文字工具，在矩形内单击并输入"CAD"文字，按【Ctrl】+【A】键选择文字；在控制栏中设置所需的字体和字体大小，如图1-74所示。

02 在工具箱中单击 选择工具，确认文字输入，再在【颜色】面板中设置填色为"C：33，M：69，Y：100，K：0"，如图1-75所示，将文字颜色改为所设置的

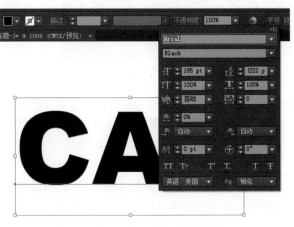

图1-74　输入文字并设置字符格式

颜色，如图1-75所示。

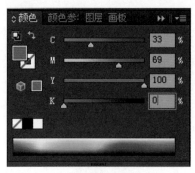

图1-75 【颜色】面板

图1-76 改变填色后的效果

03 在控制栏中设置【不透明度】为 50%，得到如图1-77所示的文字效果。

04 在菜单中执行【效果】→【3D(3)】→【凸出和斜角】命令，在弹出的对话框中勾选【预览】复选框，再设置【凸出厚度】为80pt，其他不变，如图1-78所示，单击【确定】按钮，得到如图1-79所示的效果。

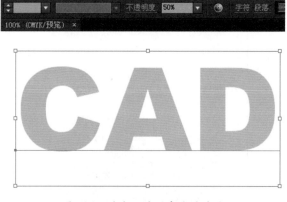

图1-77 改变不透明度后的效果

图1-78 【凸出和斜角选项】对话框

图1-79 3D效果

05 按【Ctrl + G】将它们编组，在菜单中执行【效果】→【3D(3)】→【凸出和斜角】命令，在弹出的对话框中单击【更多选项】按钮，显示更多选项，然后勾选【绘制隐藏表面】复选框，其他不变，如图1-80所示，单击【确定】按钮，得到如图1-81所示的效果。

【凸出和斜角选项】对话框中部分选项说明：

● 【凸出厚度】选项：在该文本框中可以输入0~2000之间的值来设置对象深度。

● 【端点】选项：指定对象是显示为实心（█ 打开绕转端点），还是显示为空心（█

关闭绕转端点）。

- 【斜角】选项：沿对象的深度轴（z轴）应用所选类型的斜角边缘。
- 【高度】选项：当在【斜角】下拉列表中选择了"无"以外的选项后，该选项成可用状态，在文本框中可以设置介于1～100之间的高度值。如果对象的斜角高度太大，则可以导致对象自身相交，产生意料之外的结果。
- ■（斜角外扩）按钮：选择该选项可以将斜角添加至对象的原始形状。
- ■（斜角内扩）按钮：选择该选项可以从对象的原始形状砍去斜角。

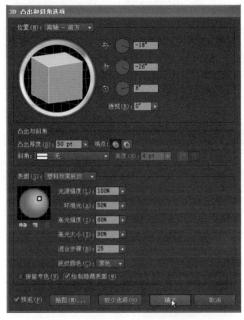

图1-80 【凸出和斜角选项】对话框

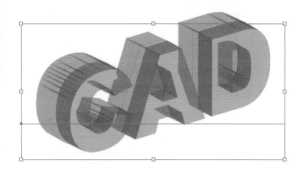

图1-81 再次进行凸出和斜角后的效果

06 按【Alt】键将立体文字向上移动到如图1-82所示的位置松开左键和【Alt】键，以复制一组立体文字，在【颜色】面板中设置填色为"C：86，M：0，Y：100，K：0"，得到如图1-82所示的透明效果。

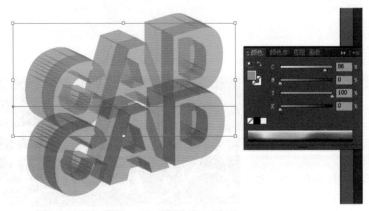

图1-82 复制一组副本并移动位置

07 在【文件】菜单中执行【置入】命令，弹出【置入】对话框，在其中选择要置入的文件，如图1-83所示，单击【置入】按钮，将其置入到画面中，如图1-84所示。

图1-83 【置入】对话框

图1-84 置入的图片

08 在控制栏中设置【不透明度】为20%，再按【Shift + ↓】键将其移至适当位置，然后按【Ctrl + Shift + [】键将其排放到底层，得到如图1-85所示的效果，在空白处单击取消选择。透明立体字就制作完成了。

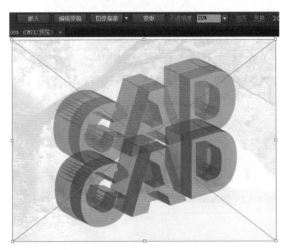

图1-85 改变不透明度后排放到最底层

1.5 变形艺术字

实例说明

在制作广告招牌、封面设计、贺卡设计、标志时，都可以用到本例中的"变形艺术字"效果。如图1-86所示为实例效果图，如图1-87所示为类似范例的实际应用图。

图1-86 变形艺术字最终效果图

图1-87　精彩效果欣赏

设计思路

　　本例将利用Illustrator将文字进行艺术变形，先新建一个文档，再使用文字工具输入文字，然后使用【创建轮廓】、缩放工具、直接选择工具、钢笔工具、【清除】等工具与命令对文字进行变形调整，最后使用【联集】、【渐变】面板、【颜色】面板等命令为变形艺术字填色，并使用矩形工具绘制一个背景。如图1-88所示为制作流程图。

① 用文字工具依次输入所需的文字

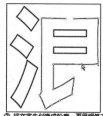

② 将文字先创建成轮廓，再用钢笔工具与直接选择工具
对其形状进行编辑

③ 将文字先创建成轮廓，再用钢笔工
具与直接选择工具对其形状进行编辑

④ 用钢笔工具与直接选择工具绘制出一些图形来装饰文字

⑤ 先将另外的两个文字转换为轮廓，再用钢笔工具与直接选择工具对
其进行调整并绘制一些图形来装饰文字

⑥ 用选择工具选择所有对象并将其联集后建立复合形状

⑦ 用【渐变】与【颜色】面板对其进行渐变颜色填充，
然后用矩形工具绘制一个背景

图1-88　制作流程图

操作方法

01 按【Ctrl + N】键新建一个文档，从工具箱中选择文字工具，在画面中适当位置单击并输入“踏”文字，再选择文字，然后在【字符】面板中设置【字体】为“文鼎CS大”，【字体大小】为100，如图1-89所示。

02 在画面的适当位置依次输入“浪”、“而”、“歌”三个文字，如图1-90所示，接着按【Ctrl】键在“踏”文字上单击确认文字输入的同时选择该文字，然后在菜单中执行【文字】→【创建轮廓】命令，将文字转换为轮廓，如图1-91所示。

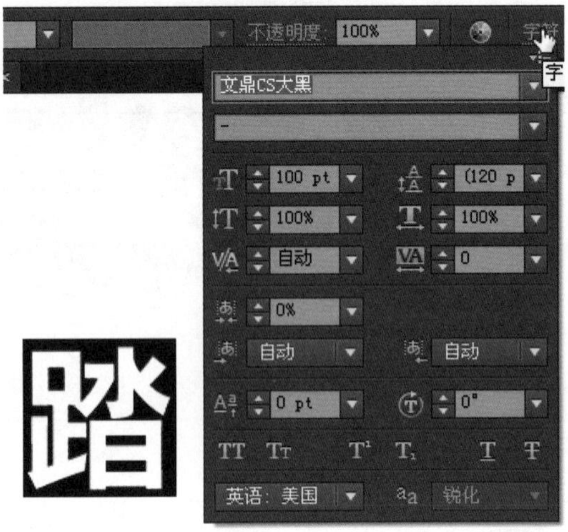

图1-89 输入文字并设置其字符格式

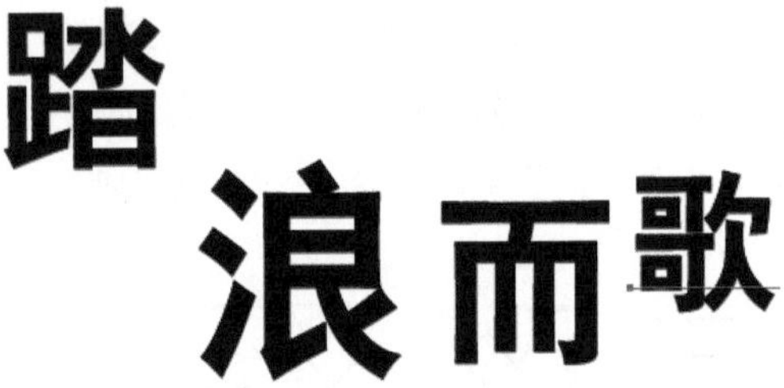

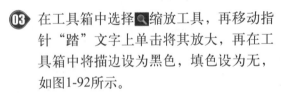

图1-90 输入文字

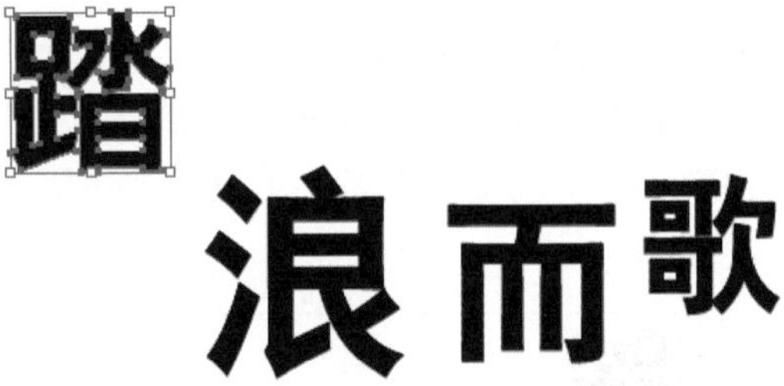

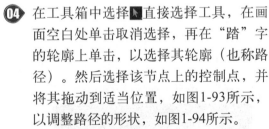

图1-91 创建轮廓

03 在工具箱中选择缩放工具，再移动指针“踏”文字上单击将其放大，再在工具箱中将描边设为黑色，填色设为无，如图1-92所示。

04 在工具箱中选择直接选择工具，在画面空白处单击取消选择，再在“踏”字的轮廓上单击，以选择其轮廓（也称路径）。然后选择该节点上的控制点，并将其拖动到适当位置，如图1-93所示，以调整路径的形状，如图1-94所示。

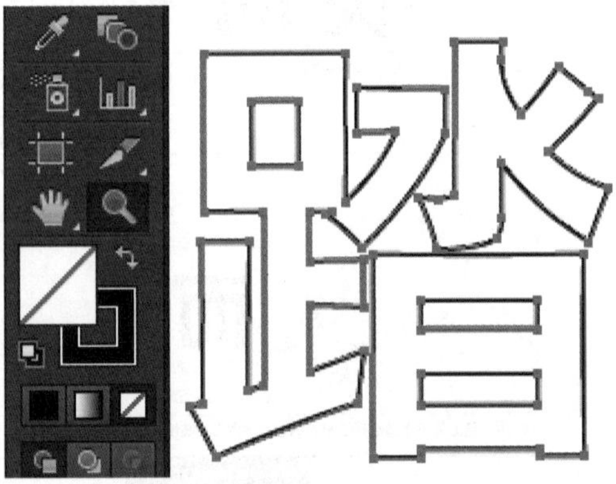

图1-92 放大画面

05 在工具箱中选择钢笔工具，移动指针到要添加节点的地方单击，添加一个节点，如图1-95所示，再使用直接选择工具拖动该节点向上至适当位置，调整其路径形状，如图1-96所示。

06 使用前两步同样的方法对路径进行调整，如图1-97所示。

07 使用选择工具选择“浪”字，同样在菜单中执行【文字】→【创建轮廓】命令，将文字转换为轮廓，再在工具箱中将描边设为黑色，填色设为无，如图1-98所示。

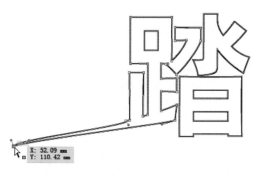

图1-93　移动锚点

图1-94　调整曲线形状

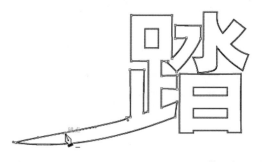

图1-95　添加锚点

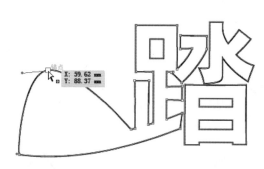

图1-96　移动锚点来改变形状

图1-97　调整形状后的结果

图1-98　创建轮廓

08 在工具箱中选择 ▶ 直接选择工具，再在画面中拖出一个虚框框住要删除的部分，如图1-99所示，然后在键盘上按【Delete】键将其删除，删除后的结果如图1-100所示。

图1-99　框住要删除的部分

图1-100　删除后的结果

⑨ 在工具箱中选择 🖊 钢笔工具，并移动指针到要删除的锚点上如图1-101所示单击，即可将该锚点删除，删除后的结果如图1-102所示；使用同样的方法将其他不需要的锚点删除，删除后的结果如图1-103所示。

图1-101　指向锚点　　　　　图1-102　删除锚点后的结果　　　　图1-103　删除锚点后的结果

⑩ 使用直接选择工具选择不需要的路径，如图1-104所示，再在键盘上按【Delete】键将其删除，删除后的结果如图1-105所示；然后调整另一个路径的形状，调整后的结果如图1-106所示。

  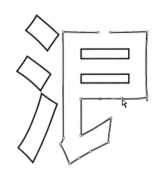

图1-104　选择路径　　　　　图1-105　删除路径后的结果　　　　图1-106　调整路径形状

⑪ 在绘图窗口底部状态栏的【显示比例】下拉列表中选择100%，以将画面缩小，再使用钢笔工具在文字之间绘制几个封闭式路径，如图1-107所示。

图1-107　使用钢笔工具绘制路径

⑫ 使用前面同样的方法将"歌"字先创建成轮廓，再描边，然后将不需要的部分删除，调整后的结果如图1-108所示。

⑬ 使用钢笔工具在"歌"字的适当位置绘制几个封闭式路径，如图1-109所示。

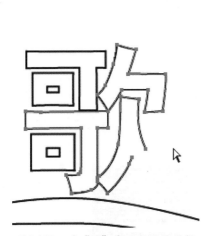

图1-108 对"歌"字进行形状编辑

图1-109 使用钢笔工具绘制路径

⑭ 使用前面同样的方法将"而"字先创建成轮廓，再描边，描边后的结果如图1-110所示；然后使用选择工具框选所有对象，如图1-111所示。

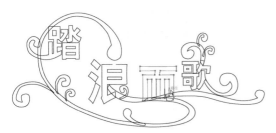

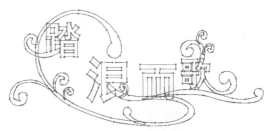

图1-110 将"而"字创建成轮廓并描边

图1-111 选择所有对象

⑮ 显示【路径查找器】面板，并在其中单击【联集】按钮，将选择的对象焊接起来，如图1-112所示；再在面板的弹出式菜单中执行【建立复合形状】命令，如图1-113所示，以建立复合形状，然后再单击【扩展】按钮，将透明路径删除，结果如图1-114所示。

图1-112 联集对象

图1-113 选择【建立复合形状】命令

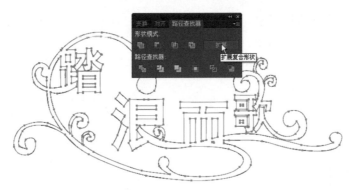

图1-114　扩展复合形状

⑯ 显示【渐变】与【颜色】面板，在其中设置所需的渐变，如图1-115所示，然后在工具箱中将描边设为无，效果如图1-116所示。

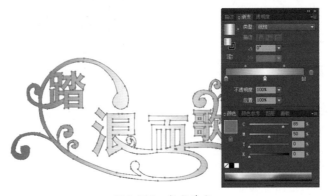

图1-115　渐变填充

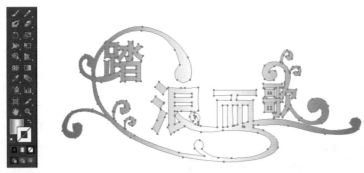

图1-116　清除描边颜色

⑰ 在工具箱中选择■矩形工具，并在画面中绘制一个矩形，然后将其填充为黑色，再按【Shift + Ctrl + [】键将其置于底层，得到如图1-117所示的效果。变形艺术字就制作完成了。

图1-117　最终效果图

第2章
按钮系列

本章通过圆角矩形按钮、圆形按钮、圆点按钮、纽扣按钮和光泽玻璃按钮5个范例的制作，介绍了使用Illustrator CS6制作各种按钮的方法。

2.1 圆角矩形按钮

实例说明

在制作网页导航按钮、纽扣、翡翠、界面和一些立体实体时，都可以用到本实例中的"圆角矩形按钮"效果。如图2-1所示为实例效果图，如图2-2所示为类似范例的实际应用效果图。

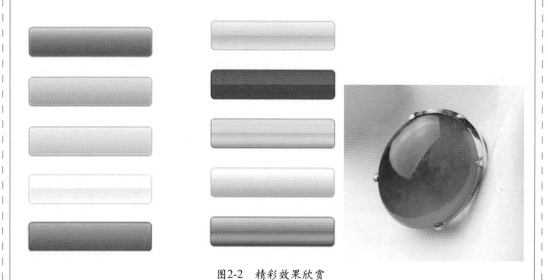

图2-1 圆角矩形按钮最终效果图

图2-2 精彩效果欣赏

设计思路

先新建一个文档，再使用圆角矩形工具绘制一个圆角矩形确定大小，然后使用【渐变】面板、圆角矩形工具、【描边】、选择工具、【内发光】、【投影】等工具与命令对矩形进行渐变填充并处理为立体效果，最后使用文字工具在按钮上输入相关的文字。如图2-3所示为制作流程图。

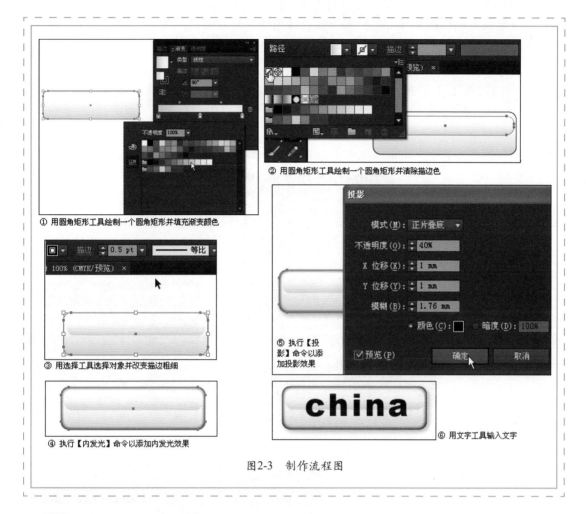

① 用圆角矩形工具绘制一个圆角矩形并填充渐变颜色

② 用圆角矩形工具绘制一个圆角矩形并清除描边色

③ 用选择工具选择对象并改变描边粗细

④ 执行【内发光】命令以添加内发光效果

⑤ 执行【投影】命令以添加投影效果

⑥ 用文字工具输入文字

图2-3 制作流程图

操作步骤

01 开启Illustrator CS6程序，按【Ctrl + N】键弹出【新建文档】对话框，采用默认值，单击【确定】按钮，新建一个文档。

02 在工具箱中选择☐圆角矩形工具，接着在画面上单击，并在弹出的对话框中设置【宽度】为80mm、【高度】为23mm，【圆角半径】为4.2333mm，如图2-4所示，单击【确定】按钮，得到如图2-5所示的圆角矩形。

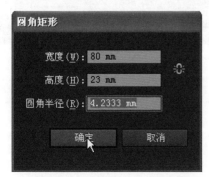

图2-4 【圆角矩形】对话框

图2-5 绘制圆角矩形

03 在【渐变】面板设置【类型】为线性，【角度】为−90°，在渐变条中设置左边色标为"C：0，M：0，Y：0，K：30"；中间色标为"C：0，M：0，Y：0，K：10"；右边色标为白色，如图2-6所示。

04 使用圆角矩形工具在画面上适当位置单击，在弹出的对话框中设置【宽度】为76.9mm，【高度】为10.3mm，如图2-7所示，单击【确定】按钮，得到如图2-8所示的圆角矩形。

05 在控制栏中设置描边为无，将小圆角矩形的轮廓线清除，如图2-9所示。

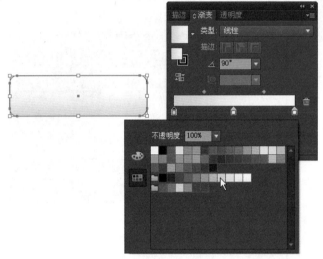

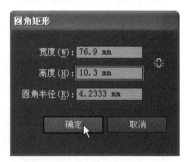

图2-6 填充渐变颜色

图2-7 【圆角矩形】对话框

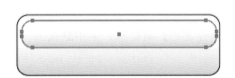

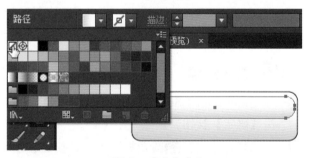

图2-8 绘制圆角矩形

图2-9 清除轮廓色

06 在工具箱中选择 选择工具，在画面上单击大圆角矩形，在控制栏中设置描边为0.5pt，得到如图2-10所示的效果。

07 在菜单中执行【效果】→【风格化(S)】→【内发光】命令，在弹出的对话框中设置【模式】为正常，【颜色】为黑色，【不透明度】为50%，【模糊】为2mm，如图2-11所示，单击【确定】按钮，得到如图2-12所示的效果。

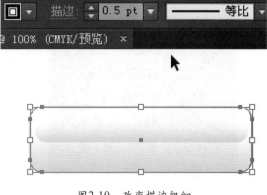

图2-10 改变描边粗细

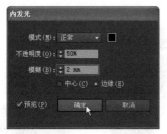

图2-11　【内发光】对话框

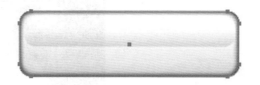

图2-12　添加内发光后的效果

08 在菜单中执行【效果】→【风格化(S)】→【投影】命令，在弹出的对话框中设置具体参数，如图2-13所示，单击【确定】按钮。

09 在工具箱中选择 **T** 文字工具，接着在矩形内单击并输入"china"文字，再单击选择工具确认文字输入。在控制栏中设置所需的字体和字体大小以及字间距，如图2-14所示。

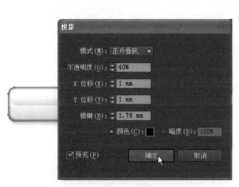

图2-13　添加投影

图2-14　输入文字并设置字符格式

10 在画面的空白处单击取消选择，按钮就制作完成了，效果如图2-15所示。

图2-15　最终效果图

2.2　圆形按钮

 实例说明

在制作指示灯、首饰、音箱，以及一些立体实物时，都可以用到本例中的"圆形按钮"效果。如图2-16所示为实例效果图，如图2-17所示为类似范例的实际应用效果图。

图2-16　圆形按钮最终效果图　　　　　　　　图2-17　精彩效果欣赏

设计思路

　　先新建一个文档，再使用椭圆工具绘制一个圆形确定按钮大小，然后使用渐变工具、【渐变】面板、【内发光】、【投影】等工具与命令对圆形进行渐变填充并增强立体效果，最后使用文字工具在按钮上输入相关的文字。如图2-18所示为制作流程图。

① 用椭圆工具绘制一个圆形并用渐变工具与【渐变】面板对圆形进行渐变填充

② 改变圆形的渐变颜色

③ 执行【内发光】命令给圆形添加内发光效果

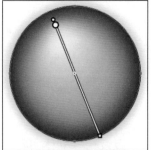

④ 执行【投影】命令给按钮添加投影效果

⑤ 用文字工具输入文字，并添加外发光效果，再设置填色与描边

图2-18　制作流程图

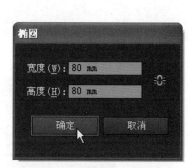

操作步骤

① 按【Ctrl + N】键新建一个文档，在工具箱中选择◯椭圆工具，在画面中单击，弹出如图2-19所示的【椭圆】对话框，在其中设置【宽度】与【高度】均为80mm，单击【确定】按钮，得到如图2-20所示的圆形。

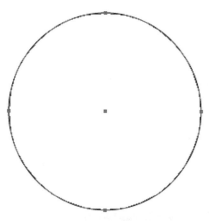

图2-19　【椭圆】对话框　　　　　　　图2-20　绘制的圆形

② 在【渐变】面板中设置【类型】为径向，在渐变条中设置所需的渐变，如图2-21所示，接着在工具箱中选择▦渐变工具，画面效果如图2-22所示。

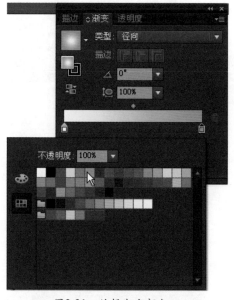

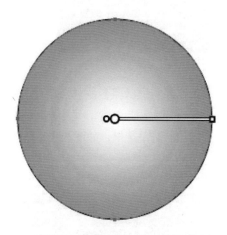

图2-21　编辑渐变颜色　　　　　　　图2-22　填充渐变颜色后的效果

③ 在画面中拖动渐变滑杆上的小圆至适当位置，以调整渐变颜色，如图2-23所示；再在【渐变】面板的右边色标适当位置处单击，添加一个色标，如图2-24所示，然后将其向左拖至适当位置，如图2-25所示。

④ 在【渐变】面板中双击右边的色标，并在弹出的面板中设置所需的颜色，如图2-26所示。

图2-23　调整渐变颜色

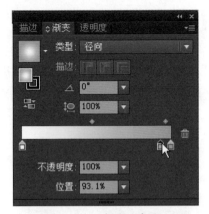

图2-24　编辑渐变颜色

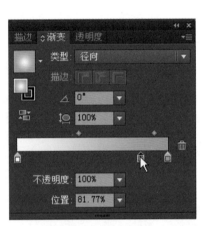

图2-25　编辑渐变颜色

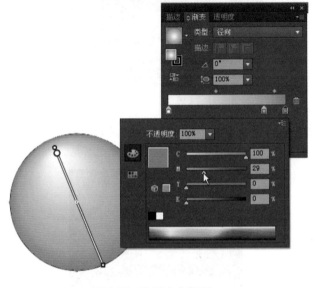

图2-26　编辑渐变颜色

05 在菜单中执行【效果】→【风格化(S)】→【内发光】命令，弹出【内发光】对话框，在其中设置【模式】为正常，【发光颜色】为黑色，【不透明度】为50%，【模糊】为15mm，勾选【边缘】单选框，如图2-27所示，单击【确定】按钮，得到如图2-28所的效果。

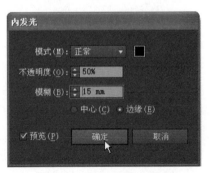

图2-27　【内发光】对话框

图2-28　添加内发光后的效果

06 在菜单中执行【效果】→【风格化(S)】→【投影】命令，在弹出的对话框中设置具体参数，如图2-29所示，单击【确定】按钮，得到如图2-30所示的效果。

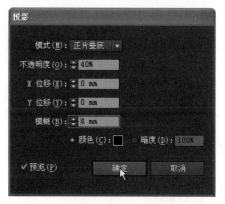

图2-29 【投影】对话框

图2-30 添加投影后的效果

07 在工具箱中选择■文字工具，在圆形按钮上单击并输入"欢迎光临"文字，按【Ctrl + A】键选择文字。在控制栏中设置所需的参数，如图2-31所示。

08 在工具箱中单击▶选择工具确认文字输入，在菜单中执行【效果】→【风格化(S)】→【外发光】命令，在弹出的对话框中设置【模式】为正常，【颜色】为黑色，其他不变，单击【确定】按钮，得到如图2-32所示的效果。

图2-31 输入文字并设置格式

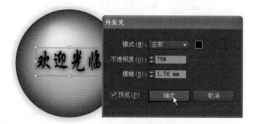

图2-32 添加外发光效果

09 在【颜色】面板中设置填色为青色，描边为白色，得到如图2-33所示的效果。

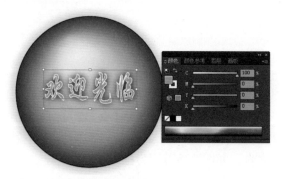

图2-33 改变填充颜色

2.3 圆点按钮

实例说明

在制作网页按钮、指示灯、指示牌、标志以及一些立体实物时，都可以用到本例中的"圆点按钮"效果。如图2-34所示为实例效果图，如图2-35所示为类似范例的实际应用效果图。

图2-34　圆点按钮

图2-35　精彩效果欣赏

设计思路

先新建一个文档，再使用椭圆工具绘制一个圆形确定按钮大小，然后使用渐变工具、【渐变】面板、【缩放】、镜像工具、【投影】等工具与命令对圆形进行渐变填充并增强立体效果，最后使用椭圆工具、旋转工具、混合模式、文字工具在按钮中绘制与输入相关的内容。如图2-36所示为制作流程图。

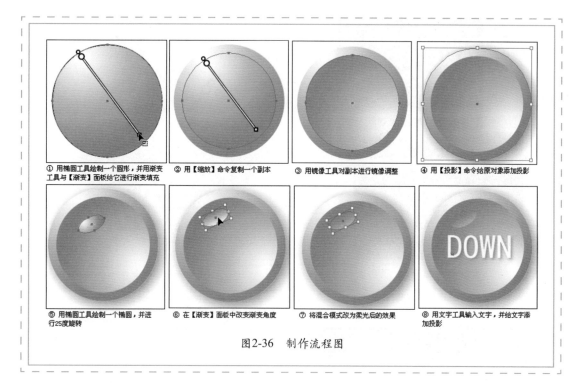

① 用椭圆工具绘制一个圆形，并用渐变
工具与【渐变】面板给它进行渐变填充

② 用【缩放】命令复制一个副本

③ 用镜像工具对副本进行镜像调整

④ 用【投影】命令给原对象添加投影

⑤ 用椭圆工具绘制一个椭圆，并进
行25度旋转

⑥ 在【渐变】面板中改变渐变角度

⑦ 将混合模式改为柔光后的效果

⑧ 用文字工具输入文字，并给文字添
加投影

图2-36　制作流程图

操作步骤

01 按【Ctrl＋N】新建一个文件，在工具箱中选择 ⬭ 椭圆工具，在画面上单击，弹出如图2-37所示的【椭圆】对话框，在其中设置【宽度】为70mm，【高度】为70mm，单击【确定】按钮，得到如图2-38所示的圆。

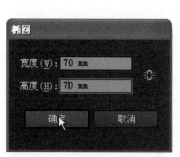

图2-37　【椭圆】对话框

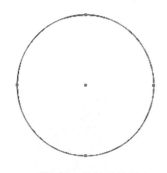

图2-38　绘制的圆形

02 在工具箱中选择 ▢ 渐变工具，在【渐变】面板中设置【类型】为径向，然后在渐变条中设置左边色标的颜色为白色，设置右边色标的颜色为"C：85，M：10，Y：100，K：0"，如图2-39所示，在画面中从左上方向右下角拖动，得到如图2-40所示的效果。

03 在控制栏中设置描边为无，将描边清除，如图2-41所示。

04 在渐变圆上右击，在弹出的快捷菜单中选择【变换】→【缩放】命令，如图2-42所示，接着弹出如图2-43所示的【比例缩放】对话框，在其中设置【比例缩放】为85%，单击【复制】按钮，得到如图2-44所示的效果。

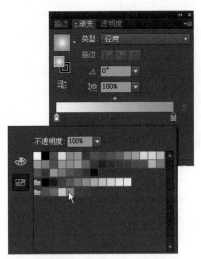

图2-39 编辑渐变颜色

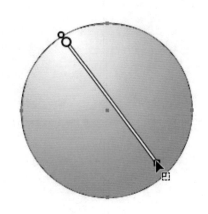

图2-40 调整渐变方向

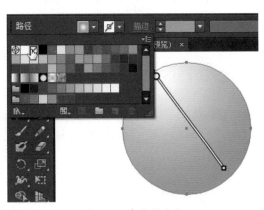

图2-41 清除描边色

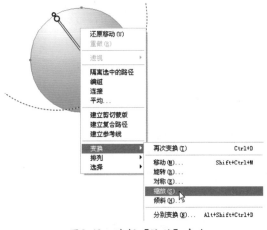

图2-42 选择【缩放】命令

图2-43 【比例缩放】对话框

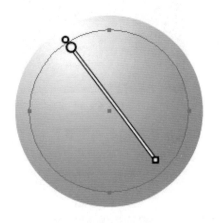

图2-44 复制的对象

05 在工具箱中双击 镜像工具，弹出【镜像】对话框，在其中设置【角度】为45°，如图2-45所示，单击【确定】按钮，得到如图2-46所示的效果。

图2-45 【镜像】对话框

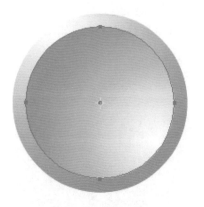

图2-46 改变角度后的效果

06 在工具箱中选择▶选择工具，选择底层的大圆，在菜单中执行【效果】→【风格化(S)】→【投影】命令，在弹出的对话框中设置具体参数，如图2-47所示，单击【确定】按钮，得到如图2-48所示的效果。

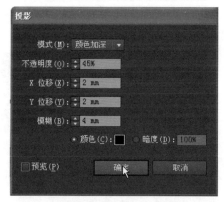

图2-47 【投影】对话框

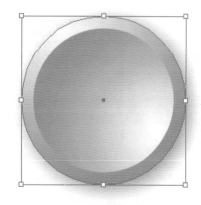

图2-48 添加投影后的效果

07 在工具箱中选择◯椭圆工具，在上层渐变圆的左上角单击，弹出【椭圆】对话框，在其中设置【宽度】为18mm，【高度】为9mm，如图2-49所示，单击【确定】按钮，得到如图2-50所示的椭圆。

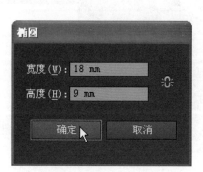

图2-49 【椭圆】对话框

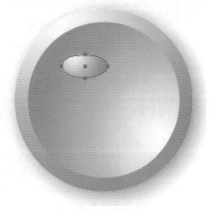

图2-50 绘制的椭圆

08 在工具箱中双击 旋转工具，在弹出的对话框中设置【角度】为25°，如图2-51所示，单击【确定】按钮，得到如图2-52所示的结果。

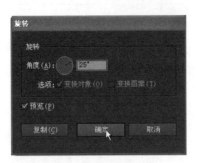

图2-51 【旋转】对话框　　　　　　　　　　图2-52 旋转后的结果

09 在【渐变】面板中设置【类型】为线性，【角度】为115°，如图2-53所示。

10 在【透明度】面板中设置混合模式为柔光，得到如图2-54所示的效果。

图2-53 改变渐变角度后的效果　　　　　　　图2-54 改变混合模式

11 在工具箱中选择 文字工具，在按钮中间单击并输入"DOWN"文字，在工具箱中单击选择工具，确认文字输入，再在控制栏的【字符】面板中设置【字体】为黑体，【字体大小】为60pt，如图2-55所示。

12 在控制栏中设置填色为白色，如图2-56所示。

图2-55 输入文字并设置格式　　　　　　　图2-56 改变填色后的效果

⑬ 在菜单中执行【效果】→【风格化(S)】→【投影】命令，并在弹出的【投影】对话框
中设置所需的参数，具体参数如图2-57所示，单击【确定】按钮，再在画面上空白处
单击以取消选择，得到如图2-58所示的效果。

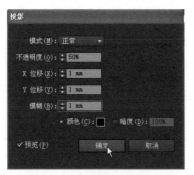

图2-57 【投影】对话框   图2-58 添加投影后的效果

2.4 纽扣按钮

 实例说明

    在制作网页按钮、纽扣、时钟、插头以及一些立体实物时，都可以用到本例中的
"纽扣按钮"效果。如图2-59所示为实例效果图，如图2-60所示为类似范例的实际应
用效果图。

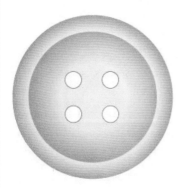

图2-59 纽扣按钮最终效果图   图2-60 精彩效果欣赏

设计思路

    先新建一个文档，再使用椭圆工具绘制一个圆形确定纽扣的大小，然后使用【渐

变】面板、比例缩放工具、选择工具、复制、【减去顶层】、【高斯模糊】等工具与命令对圆形进行渐变填充并增强立体效果，最后使用椭圆工具、选择工具、复制等工具与命令绘制扣眼。如图2-61所示为制作流程图。

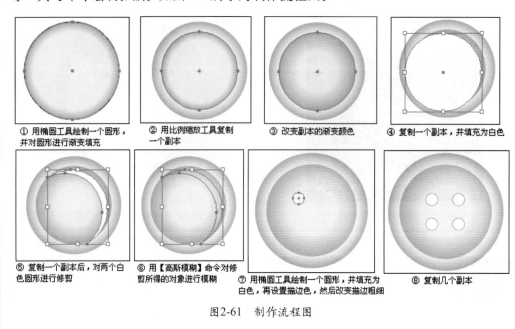

① 用椭圆工具绘制一个圆形，并对圆形进行渐变填充　② 用比例缩放工具复制一个副本　③ 改变副本的渐变颜色　④ 复制一个副本，并填充为白色

⑤ 复制一个副本后，对两个白色圆形进行修剪　⑥ 用【高斯模糊】命令对修剪所得的对象进行模糊　⑦ 用椭圆工具绘制一个圆形，并填充为白色，再设置描边色，然后改变描边粗细　⑧ 复制几个副本

图2-61　制作流程图

操作步骤

01 按【Ctrl + N】键新建一个文档，在工具箱中选择 ⬭ 椭圆工具，然后在画面上单击，在弹出的对话框中设置【宽度】和【高度】均为50mm，如图2-62所示，单击【确定】按钮，得到如图2-63所示的圆形。

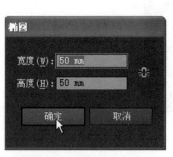

图2-62　【椭圆】对话框

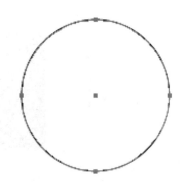

图2-63　绘制的圆形

02 在【渐变】面板中设置【类型】为径向，并设置左边色标的颜色为"C：10，M：0，Y：48，K：0"；中间色标的颜色为"C：12，M：0，Y：56，K：0"；右边色标的颜色为"C：3.3，M：41，Y：90，K：0"，如图2-64所示。

03 在工具箱中设置描边为无，如图2-65所示。

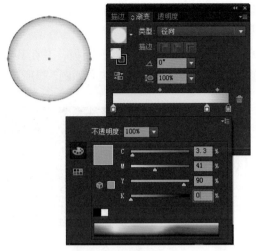

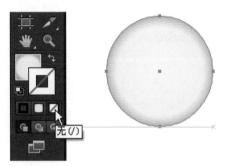

图2-64　填充渐变颜色　　　　　　　　　　图2-65　清除描边色

04 在工具箱中双击 比例缩放工具，并在弹出的对话框中设置【等比】为80%，如图2-66所示，单击【复制】按钮，得到如图2-67所示的圆形。

05 在【渐变】面板中将渐变滑杆中的中间色标进行适当拖动，如图2-68所示，画面效果如图2-69所示。

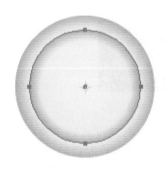

图2-66　【比例缩放】对话框　　　　图2-67　复制的对象　　　　　图2-68　改变渐变颜色

06 使用选择工具按【Alt】键将渐变圆向左下方拖动到适当位置，复制一个渐变圆，如图2-70所示；然后将复制的圆填充为白色，画面效果如图2-71所示。

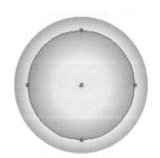

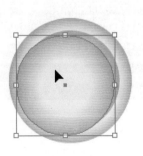

图2-69　改为渐变颜色后的效果　　图2-70　拖动并复制对象　　　图2-71　改为填充颜色后的效果

07 按【Alt】键将白色圆向左下方拖动到适当位置，复制一个白色圆，如图2-72所示；然后按【Shift】键单击右上角的白色圆，以同时选择这两个白色圆。

08 在菜单中执行【窗口】→【路径查找器】命令，显示【路径查找器】面板，并在其中单击【减去顶层】按钮，即可使用后面复制的圆修剪前面复制的圆，结果如图2-73所示。

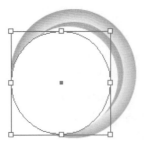
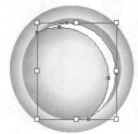

图2-72　拖动并复制对象　　　　　　　　　　　　图2-73　修剪对象

09 在菜单中执行【效果】→【模糊】→【高斯模糊】命令，并在弹出的对话框中设置【半径】为50像素，如图2-74所示，单击【确定】按钮，即可得到如图2-75所示的效果。

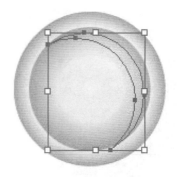

图2-74　【高斯模糊】对话框　　　　　　　　　　图2-75　模糊后的效果

10 在画面的空白处单击取消选择，再在工具箱中选择椭圆工具，在按钮上适当位置画一个圆，如图2-76所示，然后在【颜色】面板中设置填色为白色，描边为"C：32，M：56，Y：100，K：0"，在控制栏中设置描边粗细为0.5pt，如图2-77所示。

图2-76　绘制小圆形　　　　　　　　　　　　　图2-77　改变描边粗细后的效果

11 在工具箱中选择▶选择工具，按【Alt + Shift】键将白色圆向右边拖动到适当位置，复制一个白色圆，如图2-78所示；接着按【Shift】键单击左边的小白色圆，以同时选择它们，然后按【Alt + Shift】键向下拖动，以复制2个小白色圆，在空白处单击取消选择，画面效果如图2-79所示。

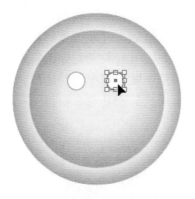

图2-78 拖动并复制对象

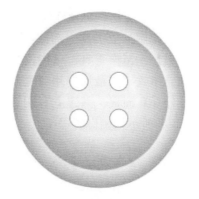

图2-79 绘制好的最终效果图

2.5 光泽玻璃按钮

实例说明

在制作网页按钮、指示灯、包装、封面、播放器设计、玉器以及一些程序的界面时，都可以用到本例中的"光泽玻璃按钮"效果。如图2-80所示为实例效果图，如图2-81所示为类似范例的实际应用效果图。

图2-80 光泽玻璃按钮最终效果图

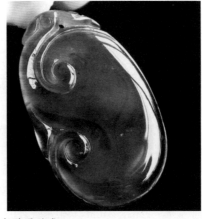

图2-81 精彩效果欣赏

设计思路

先新建一个文档，再使用椭圆工具绘制一个圆形确定按钮大小，然后使用【渐变】面板、比例缩放工具、选择工具、椭圆工具、复制、【减去顶层】、多边形工具、【交集】、镜像工具、【内发光】、【投影】、【外发光】等工具与命令绘制光泽玻璃立体效果，最后使用【置入】、复制原位粘贴、【不透明度】、改变图层顺序、【外观】面板、【建立剪切蒙版】、混合模式等工具与命令将图片融入按钮中。如图2-82所示为制作流程图。

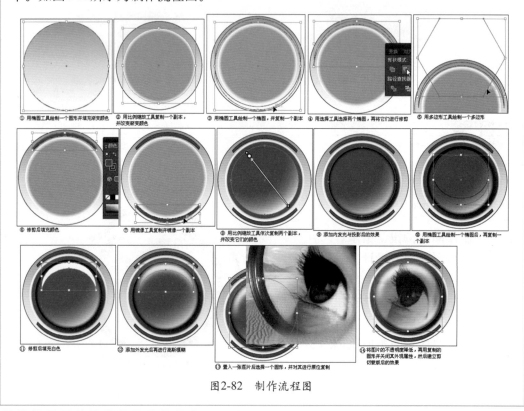

① 用椭圆工具绘制一个圆形并填充渐变颜色　② 用比例缩放工具复制一个副本，并改变渐变颜色　③ 用椭圆工具绘制一个椭圆，并复制一个副本　④ 用选择工具选择两个椭圆，再将它们进行修剪　⑤ 用多边形工具绘制一个多边形

⑥ 修剪后填充颜色　⑦ 用镜像工具复制并镜像一个副本　⑧ 用比例缩放工具依次复制两个副本，并改变它们的颜色　⑨ 添加内发光与投影的效果　⑩ 用椭圆工具绘制一个圆形后，再复制一个副本

⑪ 修剪后填充白色　⑫ 添加外发光后再进行高斯模糊　⑬ 置入一张图片后选择一个圆形，并对其进行原位复制　⑭ 将图片的不透明度降低，再用复制的圆形并关闭其外观属性，然后建立剪切蒙版后的效果

图2-82　制作流程图

操作步骤

01 按【Ctrl + N】键新建一个文档，再在控制栏中设置描边为黑色，在工具箱中选择 椭圆工具，接着按【Shift】键在画面中拖出一个所需大小的圆形，如图2-83所示。

02 在【渐变】面板中设置【类型】为线性，【角度】为90°，再设置左边色标的颜色为白色，右边色标的颜色为"C：66.02，M：24.61，Y：30.47，K：0"，如图2-84所示。

03 在工具箱中双击 比例缩放工具，弹出【比例

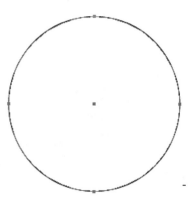

图2-83　绘制圆形

缩放】对话框，在其中设置【等比】为85％，如图2-85所示，单击【复制】按钮，即可复制一个副本，结果如图2-86所示。

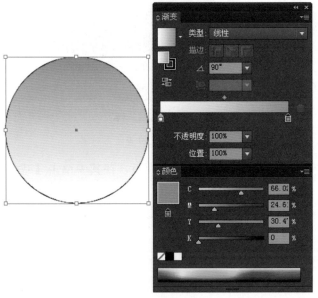

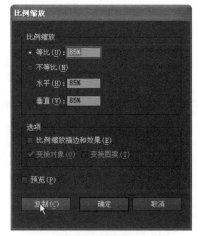

图2-84 填充渐变颜色　　　　　　　图2-85 【比例缩放】对话框

04 在【渐变】面板中设置【类型】为径向，并在其中将左右色标交换位置，调整色标位置以达到所需的渐变，如图2-87所示。

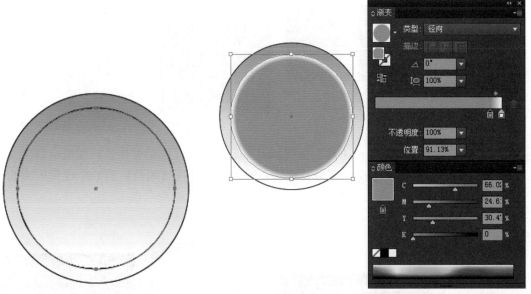

图2-86 复制的副本　　　　　图2-87 改变渐变颜色后的效果

05 使用椭圆工具在大圆中拖出一个椭圆，并在工具箱中设置填色为无，描边为黑色，如图2-88所示。

06 按【Alt + Shift】键向下拖动到适当位置，以复制一个副本，一定要使两个椭圆有交叉点，如图2-89所示。

图2-88　绘制椭圆

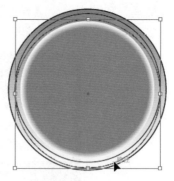
图2-89　拖动并复制对象

07 按【Shift】键选择两个绘制的椭圆，显示【路径查找器】面板，在其中单击【减去顶层】按钮，对选择的两个对象进行修剪，如图2-90所示。

08 从工具箱中选择■多边形工具，在画面的空白处单击，弹出【多边形】对话框，并在其中设置【半径】为40mm，【边数】为6，如图2-91所示，单击【确定】按钮，得到一个六边形，再使用选择工具将其拖到所需的位置，如图2-92所示。

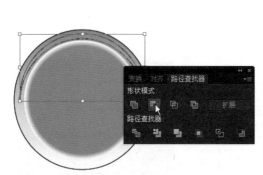
图2-90　修剪对象

图2-91　【多边形】对话框

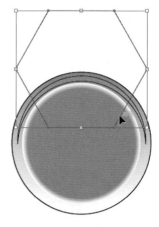
图2-92　绘制多边形

09 按【Shift】键在画面中单击修剪所得的月牙形，再在【路径查找器】面板中单击【交集】按钮，以修剪出相交的部分，如图2-93所示，再在【颜色】面板中设置所需的填色，如图2-94所示。

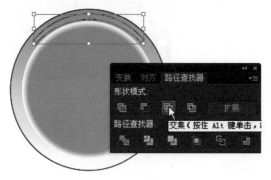
图2-93　修剪对象

图2-94　填充颜色

10 在工具箱中双击 镜像工具，弹出【镜像】对话框，并在其中选择【水平】选项，如图2-95所示，单击【复制】按钮，按【Ctrl + Shift】键垂直向下拖到适当位置，得到如图2-96所示的效果。

11 按【Ctrl】键在画面中单击中间的渐变圆，以选择它，再在工具箱中双击 比例缩放工具，在弹出的对话框中设置【等比】为95%，其他不变，如图2-97所示，单击【复制】按钮，即可得到一个副本，结果如图2-98所示。然后在【颜色】面板中设置所需的填色，如图2-99所示。

图2-95 【镜像】对话框

图2-96 镜像所得的对象

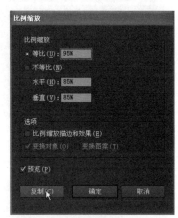

图2-97 【比例缩放】对话框

图2-98 复制的圆形

图2-99 改变填充颜色

12 在工具箱中双击 比例缩放工具，在弹出的对话框中设置【等比】为90%，其他不变，如图2-100所示，单击【复制】按钮，即可得到一个副本。在【渐变】面板与【颜色】面板中设置所需的颜色，使用渐变工具调整渐变方向，如图2-101所示。

13 在菜单中执行【效果】→【风格化】→【内发光】命令，弹出【内发光】对话框，在其中设置【模式】为正常，发光颜色为黑色，【不透明度】为100%，【模糊】为3mm，勾选【边缘】选项，如图2-102所示，单击【确定】按钮，得到如图2-103所示的效果。

图2-100 【比例缩放】对话框

图2-101 改变副本颜色

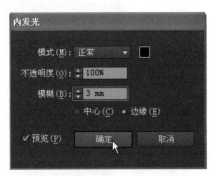

图2-102 【内发光】对话框

图2-103 添加内发光后的效果

⑭ 在菜单中执行【效果】→【风格化】→【投影】命令，弹出【投影】对话框，在其中设置所需的参数，如图2-104所示，单击【确定】按钮，得到如图2-105所示的效果。

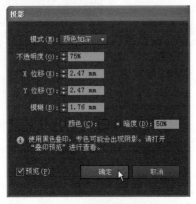

图2-104 【投影】对话框

图2-105 添加投影后的效果

⑮ 在工具箱中选择椭圆工具，接着在画面中拖出一个椭圆，再在【颜色】面板中设置填色为无，描边为黑色，如图2-106所示。

⑯ 在工具箱中选择选择工具，按【Alt + Shift】键向下垂直拖动以复制一个椭圆，并使两个椭圆有交叉点，如图2-107所示。

 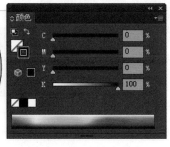

图2-106　绘制椭圆

图2-107　复制椭圆

提　示

　　先按下【Alt】键向下拖动到适当位置时再按下【Shift】键，可以在复制的同时保持垂直下移。

⑰ 按【Shift】键单击复制前的小椭圆，以选择两个小椭圆，在【路径查找器】面板中单击【减去顶层】按钮，对选择的对象进行修剪，如图2-108所示。在【颜色】面板中设置填色为白色，描边为无，如图2-109所示。

图2-108　修剪对象

图2-109　填充白色后的效果

⑱ 在菜单中执行【效果】→【风格化】→【外发光】命令，弹出【外发光】对话框，在其中设置【模式】为正常，发光颜色为白色，【不透明度】为75%，【模糊】为3mm，如图2-110所示，单击【确定】按钮，得到如图2-111所示的效果。

⑲ 在菜单中执行【效果】→【模糊】→【高斯模糊】命令，弹出【高斯模糊】对话框，在其中设置【半径】为24.3像素，如图2-112所示，单击【确定】按钮，得到如图2-113所示的效果。

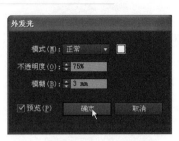

图2-110 【外发光】对话框　　　　图2-111　添加外发光后的效果　　　　图2-112 【高斯模糊】对话框

⑳ 在工具箱中选择⊙旋转工具，并在画面中拖动中心点至按钮的中心点处，然后在画面中进行拖动，将模糊后的图形旋转至所需的位置，如图2-114所示。

图2-113　模糊后的效果　　　　　　　　　　　图2-114　旋转对象

㉑ 在菜单中执行【文件】→【置入】命令，在弹出的【置入】对话框中选择要置入的文件，如图2-115所示，选择好后单击【置入】按钮，将选择的文件置入到画面中，如图2-116所示。

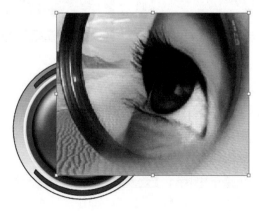

图2-115 【置入】对话框　　　　　　　　　　图2-116　置入的图片

㉒ 使用选择工具在画面中选择中间的渐变圆形，按【Ctrl＋C】键复制，按【Ctrl＋F】键在原位粘贴，再在工具箱中设置填色为无，描边为白色，如图2-117所示。

㉓ 使用选择工具选择置入的图片，在控制栏中设置【不透明度】为50%，然后将其拖动到按钮的适当位置，并进行大小调整，如图2-118所示。

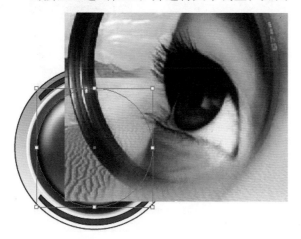

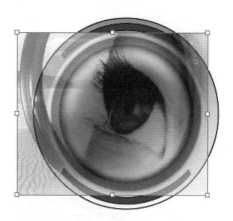

图2-117　复制圆形并改变颜色　　　　　图2-118　改变大小与不透明度后的效果

㉔ 显示【图层】面板中并在其中选择前面复制的白色圆所在的图层，以选择它，如图2-119所示，再在【图层】面板中将其拖动到这个图层的顶层，如图2-120所示。

图2-119　选择圆形路径　　　　　　　　图2-120　改变图层顺序

㉕ 显示【外观】面板，在其中将"内发光"与"投影"关闭，如图2-121所示。再按【Shift】键单击置入的图片，以同时选择白色圆框与图片，然后在其上右击，弹出快捷菜单，在其中执行【建立剪切蒙版】命令，如图2-122所示，即可用圆来裁切图片（即用圆作蒙版以将圆外的图片进行隐藏），创建剪切蒙版后的效果如图2-123所示。

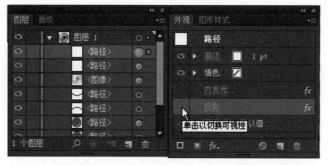

图2-121　改变内发光与投影效果

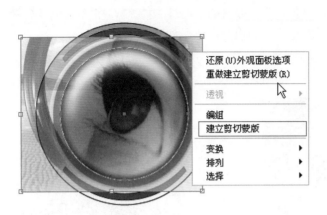

图2-122　执行【建立剪切蒙版】命令　　　　　图2-123　建立蒙版后的效果

26 显示【透明度】面板，在其中设置混合模式为强光，其他不变，使它融入画面中，如图2-124所示。光泽玻璃按钮就制作完成了。

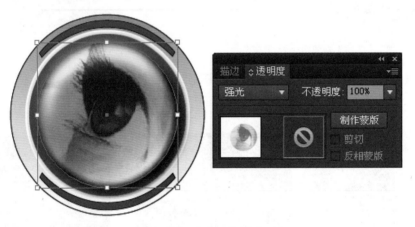

图2-124　改变混合模式

第3章
绘画系列

　　本章通过《堆雪人》插图、《圣诞树》插图、国画—萝卜、玫瑰花、卡通女孩和动物—金鱼6个范例的制作，介绍了Illustrator CS6的绘画技术。

3.1 《堆雪人》插图

实例说明

　　在制作插画、书籍、报刊、连环画、儿童卡通画、贺卡设计时，都可以用到《堆雪人》插图的制作方法。如图3-1所示为实例效果图，如图3-2所示为类似范例的实际应用效果图。

图3-1　《堆雪人》插图最终效果图　　　　　　　图3-2　精彩效果欣赏

设计思路

　　首先新建一个文档，再使用椭圆工具、钢笔工具绘制堆雪人的结构图，然后使用选择工具、【渐变】面板、渐变工具、【排列】、【颜色】面板等工具与命令对结构图进行颜色填充与改变排放顺序。如图3-3所示为制作流程图。

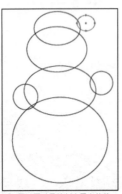

① 用椭圆工具绘制出雪人的基本结构图　　② 用钢笔工具绘制雪人的细部结构　　③ 用渐变工具、【渐变】与【颜色】面板给雪人进行渐变颜色填充　　④ 用【颜色】面板给雪人进行颜色填充，并进行顺序排放

图3-3　制作流程图

⏱ 操作步骤

01 开启Illustrator CS6程序，按【Ctrl + N】键新建一个文件，在工具箱中选择◯椭圆工具，在画面中单击，在弹出的对话框中设置【宽度】为"75mm"，【高度】为"65mm"，如图3-4所示，单击【确定】按钮，得到如图3-5所示的椭圆。

02 使用椭圆工具在如图3-6所示的位置绘制出一个椭圆。

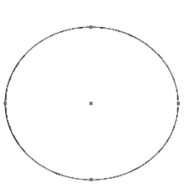

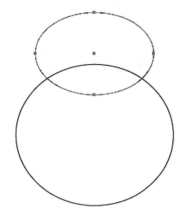

图3-4 【椭圆】对话框　　图3-5 绘制的椭圆　　图3-6 绘制椭圆

03 使用椭圆工具在画面中绘制出不同大小的椭圆，表示雪人的头、帽子和手，如图3-7所示。

04 使用钢笔工具在画面上分别勾画出鼻子、围巾、嘴等结构线，这样雪人的结构图就绘制完成了，如图3-8所示。

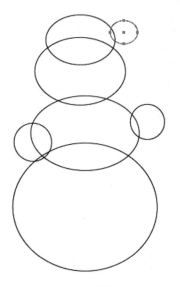

图3-7 绘制椭圆　　　　　　图3-8 绘制雪人的其他结构

05 使用选择工具在画面中单击要进行渐变填充的椭圆，在【渐变】面板中设置【类型】为径向，并设置左边色标的颜色为白色，右边色标的颜色为"C：23，M：3.2，Y：6，K：0"，如图3-9所示，画面效果如图3-10所示。

06 在工具箱中选择 渐变工具，在渐变椭圆中从上向右下方拖动，调整渐变圆的渐变方向，调整好后的效果如图3-11所示。

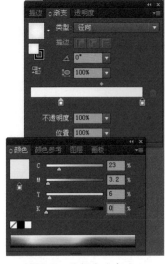

图3-9　编辑渐变颜色

图3-10　填充渐变颜色后的效果

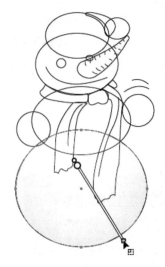

图3-11　使用渐变工具调整渐变

07 从【渐变】面板的 （渐变填充）图标上按下左键向要进行相同渐变的对象拖动，如图3-12所示，松开左键后即可使用相同的渐变进行填充，效果如图3-13所示。

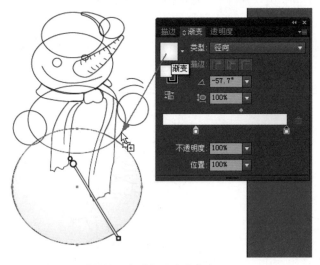

图3-12　应用相同渐变颜色

图3-13　填充渐变后的效果

08 按【Ctrl】键单击刚进行渐变填充的椭圆，使用渐变工具在渐变椭圆中从下向右上方拖动，以调整渐变方向，调整好的效果如图3-14所示。

09 使用相同的方法对其他几个椭圆进行同样的渐变填充，然后改变渐变方向，渐变填充和调整后的效果如图3-15所示。

10 按【Ctrl】键单击最上面表示帽子的椭圆，在【渐变】面板中设置右边色标的颜色为"C：29，M：0，Y：33，K：0"；使用渐变工具在渐变椭圆中从上向右下方拖动，得到如图3-16所示的渐变。使用上面同样的方法对另一个椭圆进行同样的渐变填充，并改变渐变方向，画面效果如图3-17所示。

图3-14 使用渐变工具改变渐变方向

图3-15 填充渐变颜色

图3-16 填充渐变颜色

图3-17 填充渐变颜色

⓫ 按【Ctrl】键单击鼻子，在工具箱中选择渐变工具，在【渐变】面板中设置左边色标的颜色为"C：8，M：46，Y：76，K：0"；中间色标的颜色为"C：5，M：23，Y：41，K：0"；右边色标的颜色为"C：9，M：56，Y：88，K：0"，然后从鼻子的左上方向右下方拖动，以调整渐变方向，面板与调整后的效果如图3-18所示。

⓬ 在工具箱中选择选择工具，按【Shift】键单击要填充为相同颜色的椭圆，再在【颜色】面板中设置填色为"C：44，M：1.3，Y：14，K：0"，如图3-19所示，在空白处单击取消选择后使用椭圆工具绘制两个椭圆，再按【Shift】键单击这两个椭圆，然后在【颜色】面板中设置填色为"C：4.2，M：48，Y：27，K：0"，并使描边为无，画面效果如图3-20所示。

⓭ 按【Ctrl + [】键将它们排放到鼻子的后面，再在空白处单击取消选择，画面效果如图3-21所示。

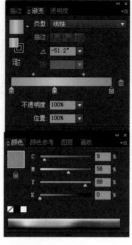

图3-18　填充渐变颜色

图3-19　选择对象

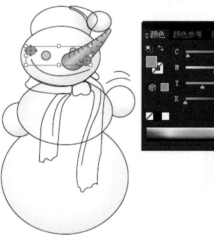

图3-20　填充颜色

图3-21　改变排列顺序后的效果

⑭ 在工具箱中选择选择工具，按【Shift】键在画面中单击表示围巾的对象，然后在【颜色】面板中吸取所需的颜色，如图3-22所示。然后在画面中单击帽顶结构线，并在【颜色】面板中吸取所需的颜色，如图3-23所示。雪人就绘制好了。

图3-22　填充颜色

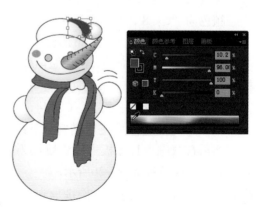

图3-23　填充颜色

3.2 《圣诞树》插图

实例说明

在制作插画、书籍、报刊、连环画、儿童卡通画、贺卡设计时，都可以用到《圣诞树》插图的制作方法。如图3-24所示为实例效果图，如图3-25所示为类似范例的实际应用效果图。

图3-24 《圣诞树》插图的最终效果图

图3-25 精彩效果欣赏

设计思路

首先新建一个文档，再使用钢笔工具、【颜色】面板绘制一棵树并填充颜色，然后使用钢笔工具、椭圆工具、选择工具等工具与命令为树添加装饰品，以添加喜庆效果。如图3-26所示为制作流程图。

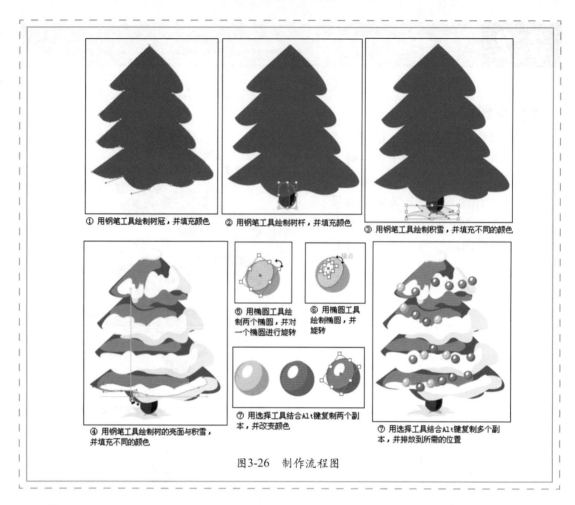

图3-26 制作流程图

① 用钢笔工具绘制树冠，并填充颜色

② 用钢笔工具绘制树杆，并填充颜色

③ 用钢笔工具绘制积雪，并填充不同的颜色

④ 用钢笔工具绘制树的亮面与积雪，并填充不同的颜色

⑤ 用椭圆工具绘制两个椭圆，并对一个椭圆进行旋转

⑥ 用椭圆工具绘制椭圆，并旋转

⑦ 用选择工具结合Alt键复制两个副本，并改变颜色

⑦ 用选择工具结合Alt键复制多个副本，并排放到所需的位置

操作步骤

01 按【Ctrl + N】键新建一个文档，在工具箱中选择 ✎钢笔工具，在选项栏中设置【填色】为"无"，在画面上勾画出如图3-27所示的树冠形状。

02 在【颜色】面板中设置填色为"C：88， M：49 ，Y：100， K：15"，描边为无，画面效果如图3-28所示。

图3-27 使用钢笔工具绘制树冠

图3-28 填充颜色

03 使用钢笔工具在画面上勾画出如图3-29所示的树杆，并在【颜色】面板中设置填色为 "C：60，M：70，Y：100，K：31"。接着使用同样的方法勾画出如图3-30所示的图 形，并将其填充颜色为 "C：65，M：82，Y：100，K：55"。

图3-29　绘制树干　　　　　　　　　　　　　图3-30　绘制树干

04 在工具箱中单击选择工具，在画面上框选树干，按【Ctrl + Shift + [】键将所选图形排 放到最下层，如图3-31所示。

05 使用钢笔工具在树底部分别勾画出表示堆雪的图形，并将它们分别填充颜色为 "C： 22，M：7，Y：9，K：0" 和 "C：50，M：20，Y：13，K：0"，如图3-32所示。 使用选择工具在画面上框选刚画的图形，按【Ctrl + Shift + [】键将所选图形排放到最 底层，画面效果如图3-33所示。

图3-31　改变排列顺序　　　　　图3-32　绘制堆雪　　　　　　图3-33　绘制堆雪

06 使用钢笔工具在画面上分别勾画出如图3-34所示的图形，并将它们填充颜色为 "C： 81.88，M：28.37，Y：100，K：0"。

07 使用钢笔工具在画面上分别勾画出如图3-35所示的图形，并将它们填充颜色为 "C： 19.35，M：6.06，Y：7.29，K：0"。

08 使用钢笔工具在画面上分别勾画出如图3-36所示的图形，并将它们填充颜色为白色。

图3-34　绘制图形

图3-35　绘制积雪

图3-36　绘制积雪

09 将画面放大，在工具箱中选择 椭圆工具，在画面上空白处绘制出一个椭圆，并将它填充颜色为"C：3.69，M：50.55，Y：90.77，K：0"，如图3-37所示。

10 使用椭圆工具在刚绘制的圆上绘制一个椭圆，并将它填充颜色为"C：6.84，M：24.51，Y：88.42，K：0"，再按【Ctrl】键将椭圆旋转到适当位置，如图3-38所示。

11 使用椭圆工具在刚旋转过的椭圆内再绘制一个椭圆，并将它填充为白色，再按【Ctrl】键将椭圆旋转到如图3-39所示的位置。

图3-37　绘制椭圆

图3-38　绘制椭圆并旋转

图3-39　绘制椭圆并旋转

12 在工具箱中单击选择工具，在画面上框选刚绘制的三个椭圆，如图3-40所示。按【Alt】键向右拖动到适当位置，即可复制一组椭圆，再将两个较大的椭圆分别填充颜色为"C：0，M :95.76，Y：94.12，K：0"和"C：1.11，M：73.45，Y：91.89，K：0"，画面效果如图3-41所示。

13 使用同样的方法再复制一组椭圆，并将两个较大的椭圆分别填充颜色为"C：7.47，M：85，Y：0，K：0"和"C：10，M：63，Y：10.2，K：0"，画面效果如图3-42所示。

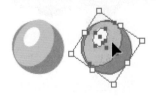

图3-40　复制对象

图3-41　改变填色

图3-42　复制并改变对象填色

14 使用选择工具在画面上分别框选椭圆组并群组，并将它们拖动到适当位置，如图3-43所示。然后按【Alt】键分别将它们移动并复制到不同的位置，直到得到如图3-44所示的效果为止。圣诞树就制作完成了。

图3-43　复制对象　　　　　　　　　　　　　图3-44　复制对象

3.3　国画—萝卜

实例说明

在制作插画、书籍、报刊以及一些立体实物绘画时，都可以用到"国画—萝卜"的制作方法。如图3-45所示为实例效果图，如图3-46所示为类似范例的实际应用效果图。

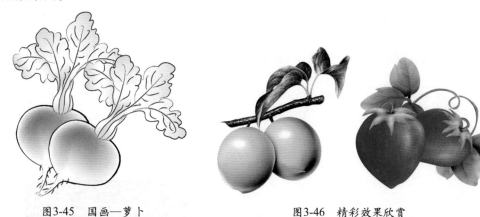

图3-45　国画—萝卜　　　　　　　　　　　图3-46　精彩效果欣赏

设计思路

首先新建一个文档，再使用钢笔工具绘制萝卜的结构图，然后使用【颜色】面板、网格工具为萝卜填充颜色以达到立体效果，最后使用钢笔工具、选择工具、【渐变】面板、【画笔】面板等工具与命令绘制叶子并添加绘画笔触效果。如图3-47所示为制作流程图。

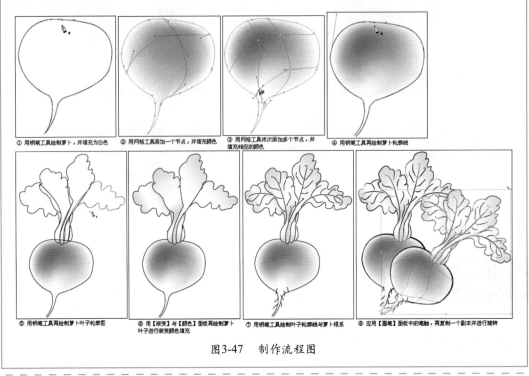

图3-47　制作流程图

操作步骤

01 按【Ctrl + N】键新建一个文档，在工具箱中选择 ⬛钢笔工具，接着在画面上勾画出如图3-48所示的萝卜形状。

02 显示【颜色】面板，在其中设置填色为白色，将萝卜填充为白色，如图3-49所示。

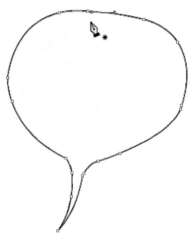

图3-48　使用钢笔工具绘制萝卜形状

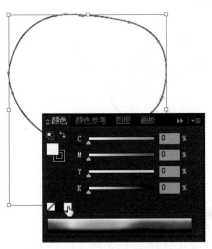

图3-49　填充颜色

03 在工具箱中选择 网格工具，接着在画面中的适当位置处单击，即可添加两条穿过所单击点的网格线，如图3-50所示。

04 在【颜色】面板中设置填色为"C：7.82，M：60.05，Y：10.49，K：0"，如图3-51所示。

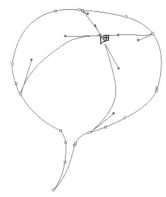 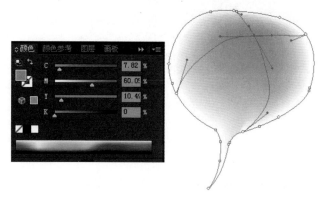

图3-50　使用网格工具添加节点与网格线　　　　图3-51　填充颜色

05 在画面上刚添加的网格线上适当位置单击，添加一个节点和一条穿过该节点的网格线，如图3-52所示。

06 在【颜色】面板中设置填色为"C：6.77，M：75.83，Y：0，K：0"，画面效果如图3-53所示。

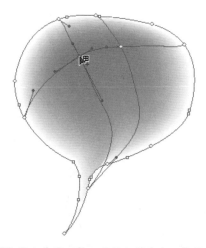 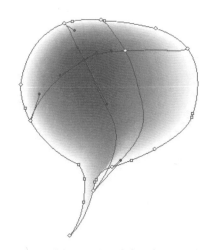

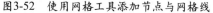

图3-52　使用网格工具添加节点与网格线　　　　图3-53　改变节点的颜色

07 在萝卜左下方的网格线适当位置处单击添加一个节点，同时添加一条网格线，如图3-54所示；再在【颜色】面板中设置填色为白色，画面效果如图3-55所示。

08 移动指针到刚添加的节点上，按下左键向左拖动，以调整萝卜的颜色，到达所需的位置和效果时松开左键，效果如图3-56所示。

09 按【Ctrl】键在空白处单击以取消选择，再使用钢笔工具在画面上沿着添加了颜色的萝卜轮廓进行勾画，绘制出萝卜的轮廓，如图3-57所示，这是为后面改变画笔笔触所要用到的轮廓线。

10 使用钢笔工具在萝卜上方的适当位置绘制出叶子，如图3-58所示。

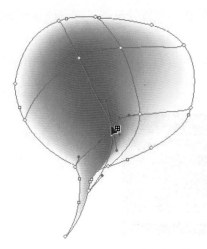

图3-54　使用网格工具添加节点与网格线

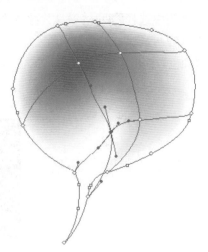

图3-55　改变节点的颜色

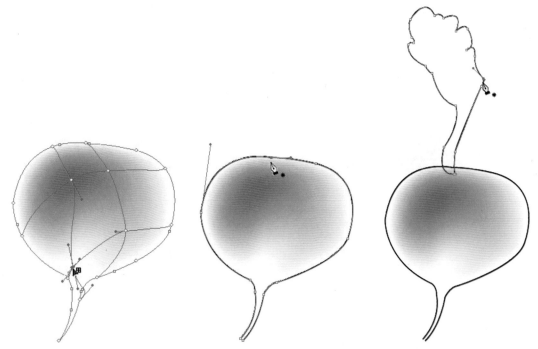

图3-56　移动节点　　　图3-57　用钢笔工具再绘制萝卜的轮廓　　　图3-58　绘制叶子

⑪ 使用钢笔工具在萝卜叶子的旁边适当位置绘制出另一片叶子，如图3-59所示。再使用钢笔工具绘制出另外的两片叶子，如图3-60所示。

⑫ 使用选择工具选择要填充颜色的叶子，在【渐变】面板中设置左边色标的颜色为"C：24.71，M：7.06，Y：27.06，K：0.78"，中间色标的颜色为白色，右边色标的颜色为"C：16.08，M：7.84，Y：48.63，K：0.39"，如图3-61所示。

⑬ 在【渐变】面板中拖动渐变颜色到要填充相同颜色的对象上，松开左键后即可得到相同的渐变填充颜色，如图3-62所示，再单击刚填充渐变颜色的对象，然后在【渐变】面板中更改角度，得到如图3-63所示的效果。

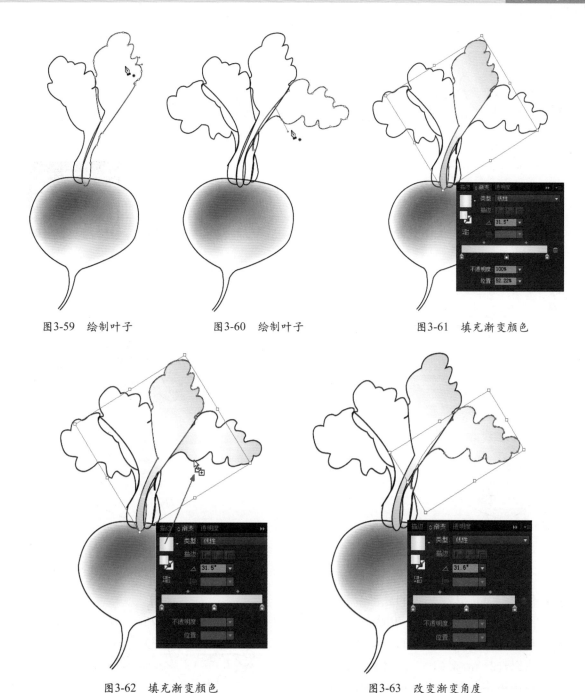

图3-59　绘制叶子　　　　　　　　图3-60　绘制叶子　　　　　　　　图3-61　填充渐变颜色

图3-62　填充渐变颜色　　　　　　　　图3-63　改变渐变角度

⓮ 使用同样的方法分别对其他叶子进行渐变填充，只要在【渐变】面板中更改角度就可以了，如图3-64所示。

⓯ 使用选择工具在画面上框选已渐变填充好的叶子，如图3-65所示。在【颜色】面板设置描边为无，得到如图3-66所示的效果。

⓰ 使用钢笔工具在画面上分别沿着叶子勾画出如图3-67、图3-68所示的结构线。这是为后面改变画笔笔触所要用到的轮廓线。

⓱ 使用钢笔工具在画面上分别沿着叶子勾画出如图3-69所示的结构线。

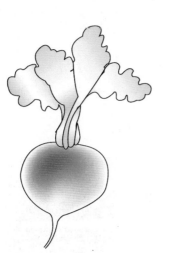

图3-64 填充渐变颜色后的效果

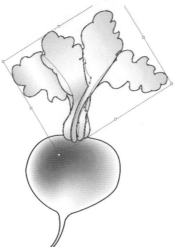

图3-65 选择叶子

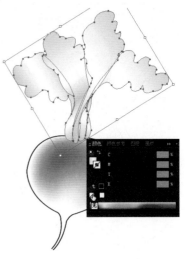

图3-66 清除描边色后的效果

图3-67 使用钢笔工具绘制轮廓线

图3-68 使用钢笔工具绘制轮廓线

图3-69 绘制好轮廓线后的效果

⑱ 使用钢笔工具在萝卜的底部分别勾画出萝卜根系，如图3-70所示。

⑲ 使用选择工具在萝卜的轮廓线上单击以选择轮廓线，再在【画笔】面板中单击笔触，即可将轮廓线的笔触改为所单击的笔触，如图3-71所示。

⑳ 在【画笔】面板中双击笔触，并在弹出的【艺术画笔选项】对话框中设置【宽度】为30%，如图3-72所示，单击【确定】按钮。

图3-70 绘制萝卜根系

图3-71　改变笔触

图3-72　【艺术画笔选项】对话框

㉑ 在弹出的如图3-73所示的警告对话框中单击【应用于描边】按钮，得到如图3-74所示的效果。

图3-73　警告对话框

㉒ 在空白处单击取消选择，然后再按【Shift】键依次单击叶子的轮廓线，直到所有的叶子轮廓线选择为止，如图3-75所示。

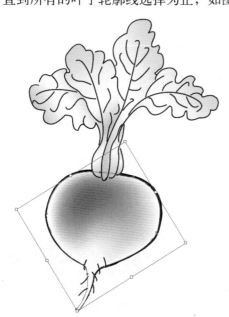

图3-74　改变画笔宽度后的效果

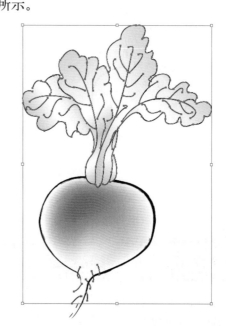

图3-75　选择对象

㉓ 在【画笔】面板中单击笔触，得到如图3-76所示的效果。

㉔ 在【画笔】面板中双击笔触，并在弹出的【艺术画笔选项】对话框中设置【宽度】为10%，如图3-77所示，单击【确定】按钮。

图3-76 应用画笔笔触   图3-77 【艺术画笔选项】对话框

㉕ 在弹出的警告对话框中单击【应用于描边】按钮，得到如图3-78所示的效果。使用选择工具框选整个萝卜复制并旋转到如图3-79所示的位置。萝卜就绘制完成了。

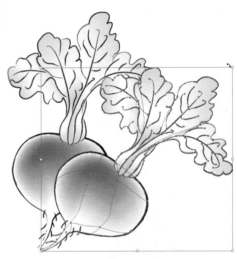

图3-78 改变画笔宽度后的效果   图3-79 复制并旋转后的效果

3.4 玫瑰花

 实例说明

　　在制作花卉、水果、插画以及一些立体实物的绘制时，都可以用到本例"玫瑰花"的制作方法。如图3-80所示为实例效果图，如图3-81所示为类似范例的实际应用效果图。

图3-80 玫瑰花最终效果图　　　　图3-81 精彩效果欣赏

设计思路

首先新建一个文档，再使用钢笔工具、转换锚点工具、添加锚点工具绘制玫瑰花的结构图，然后使用选择工具、【颜色】面板、网格工具为玫瑰花填充颜色以达到立体效果。如图3-82所示为制作流程图。

① 用钢笔工具结合直接选择工具绘制出一瓣花瓣

② 用钢笔工具结合直接选择工具绘制出花瓣与叶子

③ 用选择工具选择对象并填充颜色

④ 用网格工具与【颜色】面板给花瓣着色

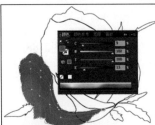

⑤ 用网格工具与【颜色】面板给花瓣着色

⑥ 用选择工具选择对象并填充颜色

⑦ 用选择工具、网格工具与【颜色】面板给花瓣着色

⑧ 用选择工具、网格工具与【颜色】面板对花瓣进行调整

⑨ 用选择工具、【颜色】面板对叶子进行颜色填充

图3-82 制作流程图

 操作步骤

01 按【Ctrl + N】键新建一个文档,在工具箱中选择 钢笔工具,在画面中勾画出如图3-83所示的封闭形状,表示一朵花瓣的基本结构。

02 在工具箱中选择 转换锚点工具,在路径上需要调整的锚点上按下左键拖动到适当位置,如图3-84所示,达到所需的形状后松开左键,将直线转换为曲线。

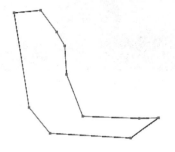 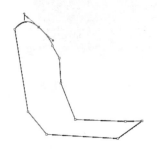

图3-83 使用钢笔工具绘制花瓣轮廓图　　　　图3-84 使用转换锚点工具路径

03 在工具箱中选择 添加锚点工具,在需要添加锚点的位置单击添加一个锚点,如图3-85所示,并使用 直接选择工具将该节点移动到适当位置,如图3-86所示。

04 使用相同的方法对花瓣进行调整,直到将花瓣调整为所需的形状为止,如图3-87所示。

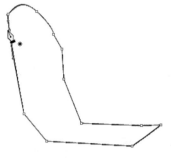 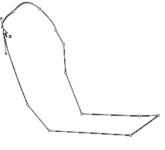 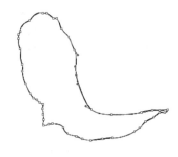

图3-85 添加锚点　　　　图3-86 移动锚点　　　　图3-87 调整好形状后的结果

05 使用钢笔工具在画面中适当的位置勾画出如图3-88所示的封闭形状,表示第二朵花瓣的基本结构,使用转换锚点工具、添加锚点工具和直接选择工具,将它调整为如图3-89所示的形状。

06 使用相同的方法对花瓣进行调整,直到将花瓣调整为所需的形状为止,如图3-89所示。

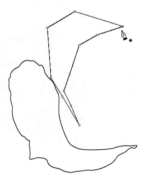 

图3-88 绘制花瓣　　　　图3-89 调整花瓣形状

07 使用钢笔工具在画面的适当位置勾画出如图3-90所示的封闭形状，表示第三朵花瓣的基本结构，同样使用转换锚点工具、添加锚点工具和直接选择工具，将它调整为如图3-91所示的形状。

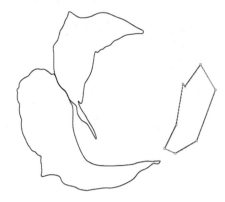
图3-90 绘制花瓣

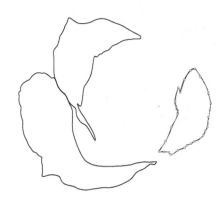
图3-91 调整花瓣形状

08 使用钢笔工具和转换锚点工具、添加锚点工具和直接选择工具，对花瓣进行勾画，将整个玫瑰花的花瓣勾画出来，如图3-92所示。

09 使用钢笔工具和转换锚点工具、添加锚点工具和直接选择工具，对玫瑰花的叶子进行勾画，如图3-93所示。

图3-92 绘制花瓣

图3-93 绘制叶子

10 在工具箱中选择▶选择工具，选择一朵花瓣。显示【颜色】面板，并在其中设置填色为"C：20，M：100，Y：100，K：18"，效果如图3-94所示。

11 在工具箱中选择▦网格工具，在填充了颜色的花瓣上单击一点，如图3-95所示。显示【颜色】面板，并在其中设置填色为"C：15，M：99，Y：100，K：5"，得到如图3-96所示的效果。

图3-94 选择对象并填充颜色

图3-95　使用网格工具添加节点与网格线　　　　　　图3-96　　给节点填充颜色

12 在填充了颜色的花瓣上继续单击一点，得到如图3-97所示的效果。

13 在填充了颜色的花瓣上继续单击一点，并在【颜色】面板上设置填色为"C：23，M：100，Y：100，K：15"，得到如图3-98所示的效果。

图3-97　添加节点与网格线　　　　　　图3-98　　添加节点与网格线并改变填充颜色

14 在填充了颜色的花瓣上继续单击一点，并在【颜色】面板上设置填色为"C：7，M：100，Y：100，K：5"，得到如图3-99所示的效果。

15 在【颜色】面板中将填色拖到如图3-100所示的网格中，松开左键就可得到如图3-101所示的效果。

16 在填充了颜色花瓣上单击一点，在【颜色】面板中设置填色为"C：10，M：100，Y：100，K：23"，得到如图3-102所示的效果，继续单击一点，效果如图3-103所示。

图3-99　添加节点并改变填充颜色

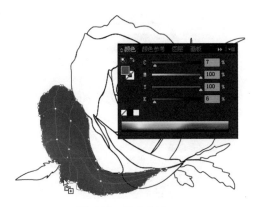

图3-100　填充颜色

图3-101　填充颜色后的效果

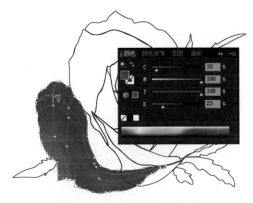

图3-102　添加节点并填充颜色

图3-103　添加节点

⑰ 在填充了颜色花瓣上选择一点，在【颜色】面板中设置填色为"C：9，M：100，Y：100，K：13"，得到如图3-104所示的效果。

⑱ 使用选择工具在画面上选择另一朵花瓣，在【颜色】面板中设置填色为"C：17，M：100，Y：100，K：25"，效果如图3-105所示。

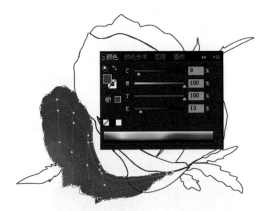

图3-104　选择节点并填充颜色

图3-105　选择对象并填充颜色

⑲ 从工具箱中选择 网格工具，在要填充颜色的花瓣上单击一点，并在【颜色】面板中设置填色为"C：11，M：100，Y：100，K：7"，效果如图3-106所示。继续对花瓣添加网点并设置不同的填充颜色，得到如图3-107所示的效果。

图3-106 使用网格工具添加节点并填充颜色　　　　图3-107 添加节点并填充颜色

⑳ 使用同样的方法对其他花瓣进行渐变网格颜色填充，填充好颜色后的效果如图3-108所示。

㉑ 使用▶直接选择工具选择需要调整的花瓣，并对其周围的节点进行适当拖动，将花瓣与花瓣之间露出白色的地方覆盖（即尽量将边缘对齐），调整好后取消选择的效果如图3-109所示。

图3-108 填充好花瓣颜色后的效果　　　　　　　图3-109 调整花瓣形状

㉒ 使用直接选择工具选择需要调整颜色的花瓣，然后选择网格工具，对花瓣进行颜色调整，经过调整后的结果如图3-110所示。

㉓ 选择直接选择工具，按【Shift】键选取所有叶子，并在【颜色】面板设置【填色】为"深绿色"，【描边】为"无"，得到如图3-111所示的效果。这幅作品就制作完成了。

图3-110 调整花瓣颜色　　　　　　　　　　图3-111 对叶子进行颜色填充

3.5 卡通女孩

实例说明

在制作插画、书籍、报刊、连环画、儿童卡通画、卡片时，都可以用到本例"卡通女孩"的制作方法。如图3-112所示为实例效果图，如图3-113所示为类似范例的实际应用效果图。

图3-112 卡通女孩最终效果图　　图3-113 精彩效果欣赏

设计思路

首先新建一个文档，再使用椭圆工具、钢笔工具、选择工具、镜像工具等工具与命令绘制出卡通人物的头部结构图，然后使用选择工具、椭圆工具、【颜色】面板、钢笔工具、【排列】等工具与命令绘制人物其他结构图并填充颜色；最后使用文字工具输入文字。如图3-114所示为制作流程图。

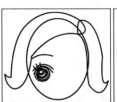

① 用钢笔工具、椭圆工具绘制出头发、脸、眉毛与眼睛

② 给眼睛填充颜色后再镜像复制一只眼睛

③ 用钢笔工具绘制嘴，用椭圆工具绘制腮红与眉心，并填充颜色，清除描边色

④ 用选择工具选择对象，并依次填充所需的颜色

⑤ 用钢笔工具绘制头发并填充颜色

⑥ 用钢笔工具绘制身体以及衣服、裙子、脚与鞋子等

⑦ 用选择工具选择对象，并依次填充所需的颜色

⑧ 用钢笔工具绘制条纹并填充白色

⑨ 用文字工具输入文字

图3-114 制作流程图

操作步骤

01 按【Ctrl + N】键新建一个文档，在控制栏中设置填色为无，描边为黑色，描边粗细为3pt，其目的是使勾画出来的轮廓线统一为3pt。

02 在工具箱中选择◯椭圆工具，在画面中单击，在弹出的【椭圆】对话框中设置【宽度】为26mm，【高度】为33mm，如图3-115所示，单击【确定】按钮，得到如图3-116所示的椭圆。

03 在工具箱中选择✐钢笔工具，在画面上勾画出右边的头发，如图3-117所示。同样使用钢笔工具勾画出左边的头发，如图3-118所示。

图3-115 【椭圆】对话框

图3-116 绘制脸部形状

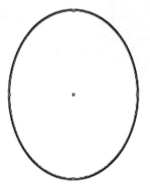

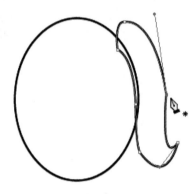

图3-117 使用钢笔工具绘制头发

04 使用钢笔工具在画面上勾画出左边的眉毛，按【Ctrl】键在空白处单击完成曲线的绘制，如图3-119所示。同样使用钢笔工具勾画出左边的睫毛和相关的结构，如图3-120所示。

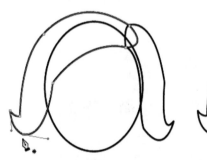

图3-118 绘制头发

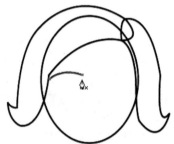

图3-119 绘制眉毛

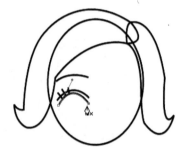

图3-120 绘制睫毛

05 在工具箱中选择◉椭圆工具，在画面上拖出如图3-121所示的椭圆，同样再拖出如图3-122所示的椭圆，表示眼睛的结构。

06 在工具箱中单击选择工具，在画面上分别选择椭圆并填充相应的颜色，如红色和白色，然后清除轮廓线，如图3-123所示。框选眉毛和眼睛的整个结构，如图3-124所示。

07 在工具箱中双击▦镜像工具，在弹出的【镜像】对话框中选择【垂直】选项，如图3-125所示，单击【复制】按钮，即可复制一个镜像的眼睛结构，然后将它向右移到如图3-126所示的位置，表示右边的眼睛和眉毛。

图3-121　绘制眼睛

图3-122　绘制眼睛

图3-123　对眼珠进行填充颜色

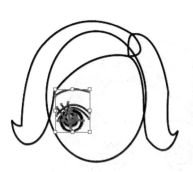

图3-124　选择眼睛与眉毛

图3-125　【镜像】对话框

图3-126　镜像并复制后的结果

08 使用 钢笔工具在画面上勾画出嘴，如图3-127所示。

09 使用椭圆工具在画面上分别拖出如图3-128所示的三个椭圆，并填充颜色为"C：7.45，M：71.76，Y：76.08，K：1.18"和"C：3.92，M28.63，Y：7.45，K：0.39"，然后清除描边色。

图3-127　使用钢笔工具绘制嘴

图3-128　使用椭圆工具绘制三个椭圆并填充颜色

10 使用选择工具选择脸，并填充颜色为"C：3.92，M：5.49，Y：9.8，K：0"，如图3-129所示。先取消选择，按【Shift】键选择如图3-130所示的头发，并填充颜色为"C：10.32，M：85.28，Y：87.35，K：0"。

11 使用钢笔工具分别勾画出如图3-131所示的头发结构，填充颜色为"C：10.32，M：85.28，Y：87.35，K：0"；然后使用选择工具按【Shift】键选择它们，再按【Ctrl＋Shift＋[】键排放到最下面，如图3-132所示。

图3-129　给脸上色

图3-130　给头发上色

图3-131　绘制头发

图3-132　给头发上色

⓬ 使用钢笔工具勾画出如图3-133所示的衣服结构，同样使用钢笔工具勾画出如图3-134
所示的衣服结构。

图3-133　绘制衣服

图3-134　绘制衣服

⓭ 使用钢笔工具勾画出如图3-135所示的衣服结构，同样使用钢笔工具分别勾画出如
图3-136所示的手结构。

⑭ 使用钢笔工具勾画出如图3-137所示的裙子结构。

图3-135　绘制衣服

图3-136　绘制手

图3-137　绘制裙子

⑮ 使用钢笔工具分别勾画出如图3-138所示的脚与鞋子结构。

⑯ 先取消选择，然后使用选择工具按【Shift】键选择如图3-139所示的结构，并填充颜色为 "C：2.75，M：94.9，Y：89.02，K：0.39"，效果如图3-140所示。

图3-138　绘制脚与鞋子

图3-139　选择对象

图3-140　填充颜色后的效果

⑰ 先取消选择，然后按【Shift】键选择要填充颜色的结构，并填充颜色为 "C：7.51，M：53.48，Y：0，K：0"，效果如图3-141所示。

⑱ 使用选择工具框选要改变排列顺序的图形，再按【Ctrl + Shift + [】键排放到最下面，如图3-142所示。

⑲ 先取消选择，按【Shift】键选择要填充颜色的结构，再在【颜色】面板中设置填色为 "C：3.74，M：5.66，Y：9.04，K：0"，得到如图3-143所示的效果。

图3-141　填充颜色　　　　图3-142　改变排列顺序　　　　图3-143　填充颜色

20 使用钢笔工具在左脚上勾画出表示条纹的图形，并填充颜色为白色，如图3-144所示。同样使用钢笔工具分别勾画出如图3-145所示的图形，填充颜色为白色，表示裤子的花纹。

21 使用文字工具在衣服上单击并输入"W"，颜色为白色，表示衣服的图案，如图3-146所示。卡通少女就绘制完成了。

图3-144　绘制条纹并填充白色　　　图3-145　绘制条纹并填充白色　　　图3-146　输入文字

3.6 动物—金鱼

实例说明

在绘制各种动物、儿童卡通画、插画、动漫以及一些立体实物时，都可以用到本例"动物—金鱼"的制作方法。如图3-147所示为实例效果图，如图3-148所示为类似范例的实际应用效果图。

图3-147 动物—金鱼

图3-148 精彩效果欣赏

设计思路

首先新建一个文档，再使用钢笔工具绘制出鱼的外轮廓图，然后使用【颜色】面板、椭圆工具、钢笔工具、选择工具、复制、放大、缩小、【画笔】面板等工具与命令绘制鱼的结构并填充相应的颜色。如图3-149所示为制作流程图。

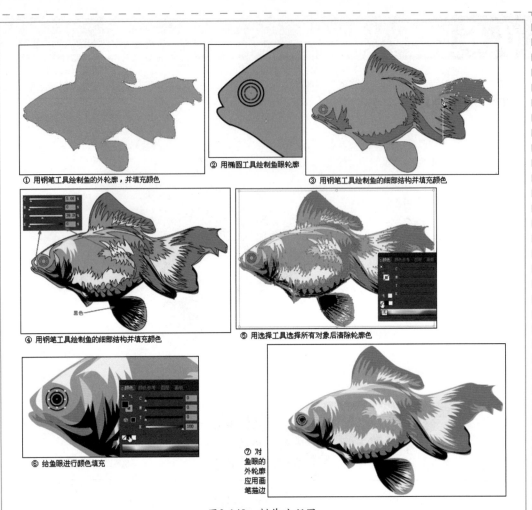

① 用钢笔工具绘制鱼的外轮廓，并填充颜色

② 用椭圆工具绘制鱼眼轮廓

③ 用钢笔工具绘制鱼的细部结构并填充颜色

④ 用钢笔工具绘制鱼的细部结构并填充颜色

黑色

⑤ 用选择工具选择所有对象后清除轮廓色

⑥ 给鱼眼进行颜色填充

⑦ 对鱼眼的外轮廓应用画笔描边

图3-149 制作流程图

操作步骤

01 按【Ctrl＋N】键新建一个文档，接着在工具箱中选择 ✍ 钢笔工具，在控制栏中设置填色为无，描边为黑色，在画面上勾画出如图3-150所示的图形，表示鱼的基本结构。

02 在【颜色】面板中设置填色为"C：0，M：51.66，Y：91.2，K：0"，填充效果和【颜色】面板如图3-151所示。

03 在工具箱中选择 ⬭ 椭圆工具，按【Alt＋Ctrl】键在画面中嘴的右

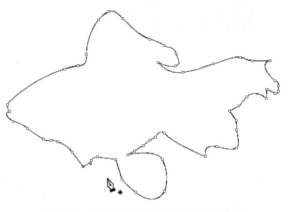

图3-150 用钢笔工具绘制鱼的外轮廓图

边绘制三个同心圆，表示眼睛的结构，如图3-152所示。

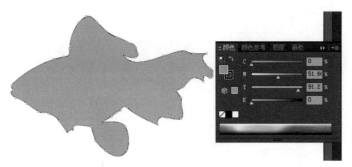

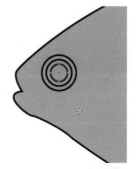

图3-151　填充颜色　　　　　　　　　　　　图3-152　使用椭圆工具绘制鱼眼

04 使用钢笔工具在画面上勾画出如图3-153所示的图形，在【颜色】面板中设置相应的填色。同样使用钢笔工具勾画出如图3-154所示的图形，表示鱼身上的结构。

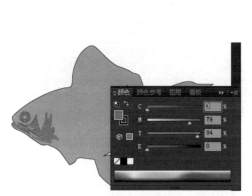

图3-153　绘制鱼的细部结构并填充颜色　　　　　　图3-154　绘制鱼的细部结构并填充颜色

05 使用钢笔工具在画面上勾画出如图3-155所示的图形，在【颜色】面板中设置相应的填色。

06 使用钢笔工具在画面上勾画出如图3-156所示的图形，在【颜色】面板中设置相应的填色。

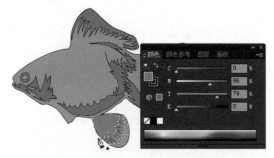

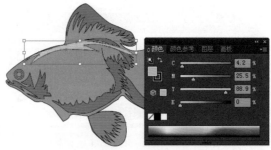

图3-155　绘制鱼的细部结构并填充颜色　　　　　图3-156　绘制鱼的细部结构并填充颜色

07 按【Ctrl＋[】键将它向下排放到适当位置，如图3-157所示。

08 使用钢笔工具在画面上勾画出如图3-158所示的图形，在【颜色】面板中设置相应的填色；同样使用钢笔工具继续勾画出如图3-159所示的图形。

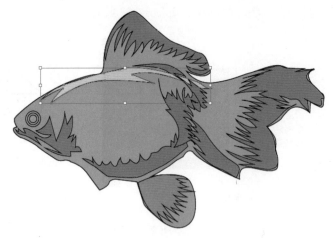

图3-157　改变排放顺序

图3-158　绘制鱼的细部结构并填充颜色

图3-159　绘制鱼的细部结构并填充颜色

09 使用钢笔工具在画面上勾画出如图3-160所示的图形，在【颜色】面板中设置相应的填色。同样使用钢笔工具继续勾画出如图3-161所示的图形。

图3-160　绘制鱼的细部结构并填充颜色

图3-161　绘制鱼的细部结构并填充颜色

10 使同样用钢笔工具在画面中勾画出如图3-162所示的图形，同样在【颜色】面板中设置相应的填色。

11 使用钢笔工具在画面上勾画出如图3-163所示的图形，在【颜色】面板中设置相应的填色。

图3-162　绘制鱼的细部结构并填充颜色

图3-163　绘制鱼的细部结构并填充颜色

⑫ 在工具箱中选择选择工具，在画面中框选所有图形，再按【Shift】键选择眼睛结构线，以取消它的选择，如图3-164所示；然后在【颜色】面板中设置描边为无，如图3-165所示。

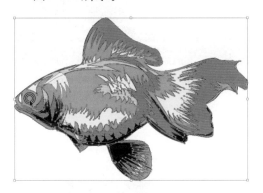

图3-164　选择对象

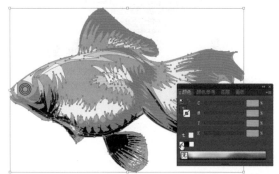

图3-165　清除描边色

⑬ 按【Ctrl＋＋】键将画面放大，以便于操作。在空白处单击取消选择，再按【Shift】键选择表示眼睛的两个内椭圆，在【颜色】面板中设置所需的描边颜色，填色为无，如图3-166所示。

⑭ 按【Shift】键单击最小的椭圆，以取消选择，然后在【颜色】面板中设置选择椭圆的填充色为黑色，如图3-167所示。

图3-166　选择鱼眼轮廓并改变描边色

图3-167　填充颜色

⑮ 按【Shift】键再选择三个椭圆，显示【画笔】面板，并在其中单击笔触，即可将轮廓

线的笔触改为所单击的笔触，如图3-168所示。

16 在【画笔】面板中双击笔触，并在弹出的【艺术画笔选项】对话框中设置【宽度】为30%，其他不变，如图3-169所示，单击【确定】按钮，弹出如图3-170所示的警告对话框，在其中单击【应用到描边】按钮，得到如图3-171所示的效果。

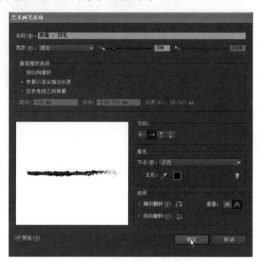

图3-168　应用画笔笔触　　　　　　　　　　图3-169　【艺术画笔选项】对话框

图3-170　警告对话框　　　　　　　　　　图3-171　改变画笔宽度后的效果

17 按【Ctrl + -】将画面缩小，再在空白处单击取消选择，得到如图3-172所示的效果。金鱼就绘制完成了。

图3-172　最终效果图

第4章
图案系列

本章通过带状图案、圆形图案、布类图案和方形图案4个范例，介绍了使用Illustrator CS6绘制图案的技巧。

4.1 带状图案

在制作服装、瓷器、窗花、板报等作品时，都可以用到本例中的"带状图案"效果。如图4-1所示为实例效果图，如图4-2所示为类似范例的实际应用效果图。

图4-1　带状图案最终效果图

图4-2　精彩效果欣赏

🕐 **设计思路**

首先新建一个文档，再使用钢笔工具、选择工具、拖动并复制等工具与功能绘制出图案中一个单元的基本结构图，然后使用【颜色】面板、选择工具、椭圆工具、编组、矩形工具、直线段工具、混合工具、复制、建立/剪切蒙版等工具与命令对图案进行组合制作出带状图案。如图4-3所示为制作流程图。

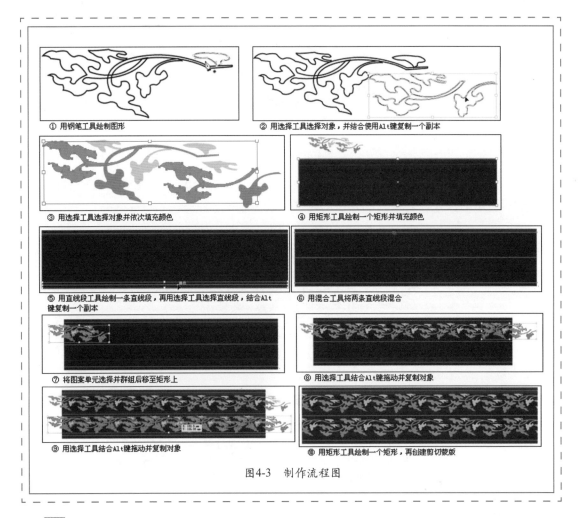

① 用钢笔工具绘制图形

② 用选择工具选择对象，并结合使用Alt键复制一个副本

③ 用选择工具选择对象并依次填充颜色

④ 用矩形工具绘制一个矩形并填充颜色

⑤ 用直线段工具绘制一条直线段，再用选择工具选择直线段，结合Alt键复制一个副本

⑥ 用混合工具将两条直线段混合

⑦ 将图案单元选择并群组后移至矩形上

⑧ 用选择工具结合Alt键拖动并复制对象

⑨ 用选择工具结合Alt键拖动并复制对象

⑩ 用矩形工具绘制一个矩形，再创建剪切蒙版

图4-3　制作流程图

操作步骤

01 按【Ctrl + N】键，在弹出的对话框中设置页面取向为横向，颜色模式为CMYK颜色，单击【确定】按钮，新建一个文档。在控制栏中设置填色为无，描边为黑色，描边粗细为0.5pt，其目的是使勾画出来的轮廓线粗细统一为0.5pt。

02 在工具箱中选择钢笔工具，在画面上勾画出如图4-4所示的茎叶。

03 使用钢笔工具在画面上继续勾画出如图4-5所示的茎叶。

图4-4　勾画茎叶

图4-5　勾画茎叶

04 使用钢笔工具在画面上继续勾画出如图4-6所示的茎叶。

图4-6　勾画茎叶

05 使用选择工具并按【Shift】键分别选择如图4-7所示的轮廓，按【Alt】键向右移到如图4-8所示的位置，即可复制并移动轮廓。

图4-7　选择对象

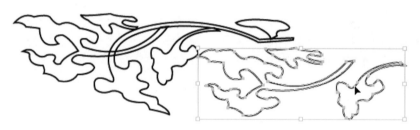

图4-8　复制对象

06 先取消选择，然后选择并向左边移动如图4-9所示的轮廓到适当位置。

图4-9　移动对象

07 使用选择工具并按【Shift】键分别选择如图4-10所示的轮廓，在【颜色】面板中设置填色为"C：0.39，M：70.31，Y：91.02，K：0"，描边为无，如图4-11所示。

08 使用选择工具并按【Shift】键分别选择如图4-12所示的轮廓，在【颜色】面板中设置填色为"C：7.42，M：30.86，Y：86.72，K：0"，描边为无。

09 使用选择工具并按【Shift】键分别选择如图4-13所示的轮廓，在【颜色】面板中设置填色为"C：1.56，M：62.5，Y：86.72，K：0"，描边为无。

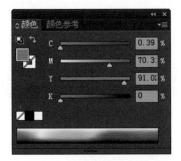

图4-10 【颜色】面板

图4-11 填充颜色后的效果

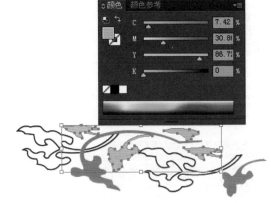

图4-12 填充颜色

图4-13 填充颜色

⑩ 使用选择工具框选已做好的图形，再按【Ctrl＋G】键将它们编组，如图4-14所示。

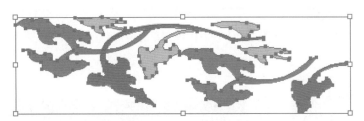

图4-14 选择并编组对象

⑪ 在工具箱中选择■矩形工具，移动指针到画面的空白处单击，在弹出的对话框中设置【宽度】为165mm，【高度】为38mm，如图4-15所示，单击【确定】按钮，得到一个矩形，然后在【颜色】面板中设置颜色为"C：80，M：75，Y：71，K：46"，如图4-16所示。

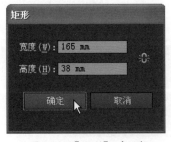

图4-15 【矩形】对话框

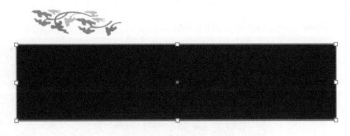

图4-16 绘制好的矩形

⑫ 在工具箱中选择 ╱ 直线段工具，在画面上画一条直线，在控制栏中设置描边粗细为1pt，在【颜色】面板中设置描边为"C：16，M：63，Y：87，K：0"，如图4-17所示。

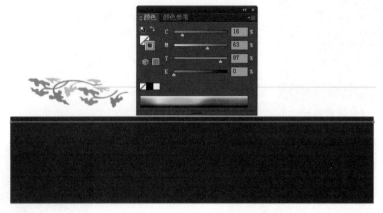

图4-17　绘制直线并设置描边色

⑬ 在工具箱中选择选择工具，按【Alt】键向下移到如图4-18所示的位置，即可复制一条直线。

图4-18　拖动并复制对象

⑭ 在工具箱中双击 混合工具，在弹出的对话框中设置【指定的步数】为1，如图4-19所示，单击【确定】按钮，然后在画面中分别单击两条直线，即可得到如图4-20所示的直线。

图4-19　【混合选项】对话框　　　　　　　　图4-20　混合后的效果

⑮ 使用选择工具将做好的图案拖到矩形中并排放到适当位置，按【Ctrl + Shift +]】键排放到最上面，如图4-21所示。

图4-21　排放图案

⑯ 按【Alt + Shift】键向右移到如图4-22所示的位置，即可复制一个图案单元，使用同样的方法复制多个图案单元，得到如图4-23所示的结果为止。

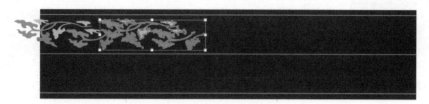

图4-22　拖动并复制对象

图4-23　拖动并复制对象

⑰ 按【Shift】键分别选择如图4-24所示的图案，按【Ctrl + G】键将它们编组。再按【Alt】键向下移到如图4-25所示的位置，即可复制一个图案。

图4-24　选择并编组对象

图4-25　拖动并复制对象

⑱ 在工具箱中选择▣矩形工具，在画面上沿着已有的矩形再画一个矩形，如图4-26所示。

图4-26　绘制矩形

⑲ 在【图层】面板中单击【建立/释放剪切蒙版】按钮，如图4-27所示，将矩形外的内容隐藏，从而得到如图4-28所示的结果。图案就制作完成了。

图4-27 【图层】面板　　　　　　　　图4-28　建立剪切蒙版后的效果

4.2　圆形图案

实例说明

在制作服装、瓷器、窗花等作品时，都可以用到本例中的"圆形图案"效果。如图4-29所示为实例效果图，如图4-30所示为类似范例的实际应用效果图。

图4-29　圆形图案最终效果图

图4-30　精彩效果欣赏

设计思路

　　首先新建一个文档，再使用椭圆工具绘制出图案的中心圆，接着使用钢笔工具、【颜色】面板、椭圆工具绘制出一个图案单元，然后使用编组、旋转工具、复制等工具与命令复制多个图案单元，以组成圆形图案，最后使用椭圆工具、复制、取消编组、群组、排列等工具与命令完成图案组合，制作出完整的圆形图案。如图4-31所示为制作流程图。

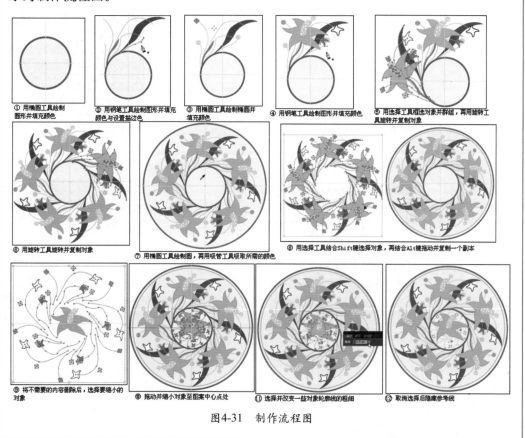

① 用椭圆工具绘制圆形并填充颜色

② 用钢笔工具绘制图形并填充颜色与设置描边色

③ 用椭圆工具绘制椭圆并填充颜色

④ 用钢笔工具绘制图形并填充颜色

⑤ 用选择工具框选对象并群组，再用旋转工具旋转并复制对象

⑥ 用旋转工具旋转并复制对象

⑦ 用椭圆工具绘制图形，再用吸管工具吸取所需的颜色

⑧ 用选择工具结合Shift键选择对象，再结合Alt键拖动并复制一个副本

⑨ 将不需要的内容删除后，选择要缩小的对象

⑩ 拖动并缩小对象至图案中心点处

⑪ 选择并改变一些对象轮廓线的粗细

⑫ 取消选择后隐藏参考线

图4-31　制作流程图

操作步骤

01 按【Ctrl + N】键新建一个页面为横向的文档，再从标尺栏中拖出两条参考线相交于要绘制图案的中心，然后在工具箱中选择◎椭圆工具，按【Alt + Shift】键从参考线的交叉点上绘制出一个圆形，如图4-32所示。

02 在【颜色】面板中设置填色为"C：6.27，M：4.71，Y：11.76，K：0"，描边为"C：93.73，M：76.08，Y：0，K：0"，在【描边】面板中设置粗细为3pt，如图4-33所示。

03 在工具箱中选择✍钢笔工具，在画面上勾画出一片叶子的轮廓，在【颜色】面板中设置填色为如图4-34所示，描边为无。

04 使用钢笔工具在画面上勾画出如图4-35所示的图形并填充相应的颜色。

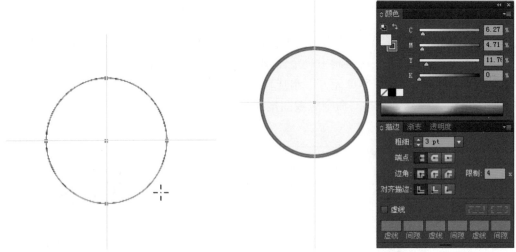

图4-32 绘制圆形   图4-33 填充颜色并加粗轮廓线

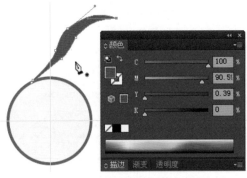   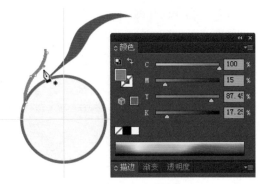

图4-34 使用钢笔工具勾画叶子并填充颜色   图4-35 勾画茎并填充颜色

05 使用钢笔工具在画面上先勾画出一条曲线，在【颜色】面板中设置所需的描边色后，再按【Ctrl】键在空白处单击完成一条曲线的绘制，然后勾画出四条曲线，勾画好后的效果如图4-36所示。

06 在工具箱中选择 ◯ 椭圆工具，在画面上如图4-37所示的位置分别拖出椭圆，并填充颜色为"C：3.92，M：22.35，Y：85.88，K：0.39"和"C：52.94，M：25.88，Y：85.1，K：10.2"，描边为无。

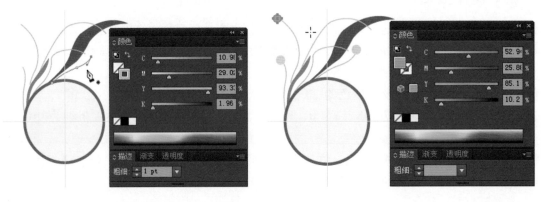

图4-36 勾画茎并设置描边色   图4-37 绘制花蕊并填充颜色

07 使用钢笔工具在画面上勾画出一小朵花，接着在【颜色】面板中设置填色为白色，描边为黑色，在【描边】面板中设置粗细为1pt，如图4-38所示。

08 使用钢笔工具在画面上勾画出一朵大花，接着在【颜色】面板中设置填色为"C：84，M：0，Y：9，K：0"，描边为"C：100，M：0，Y：100，K：0"，在【描边】面板中设置粗细为0.5pt，如图4-39所示。

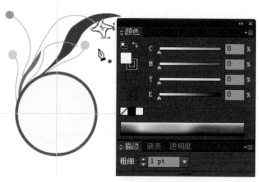 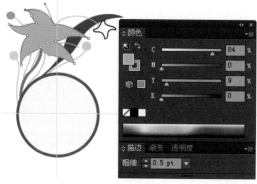

图4-38 绘制花并填充颜色   图4-39 绘制花并填充颜色

09 使用钢笔工具在画面上分别勾画出花蕊与另一朵小花，并在【颜色】面板中设置填色分别为"C：3.92，M：22.35，Y：85.88，K：0.39"、"C：93.33，M：26.67，Y：79.22，K：12.55"，描边为无，如图4-40所示。

10 在工具箱中选择选择工具，在画面上框选已画好的图案，按【Ctrl + G】键将它们编组，如图4-41所示。

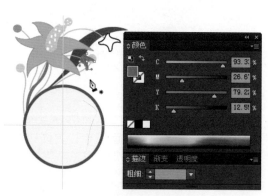 

图4-40 绘制花蕊并填充颜色   图4-41 选择并编组对象

11 在工具箱中双击旋转工具，再在画面中将旋转中心点拖动到参考线的交点处，如图4-42所示，在画面的其他位置按下左键进行拖动，如图4-43所示，到达所需的位置时按下【Alt】键后松开左键再松开【Alt】键，即可复制一个副本，结果如图4-44所示。

12 使用同样的方法再复制三个副本，复制好后的效果如图4-45所示。

图4-42　调整旋转中心点

图4-43　按下【Alt】键拖动时的状态

图4-44　旋转并复制后的效果

图4-45　旋转并复制后的效果

⑬ 在工具箱中选择椭圆工具，按【Alt + Shift】键在画面上画一个圆将所有图案框住，在【颜色】面板中切换填色与描边，使填色为无，在【描边】面板中设置描边粗细为3pt，结果如图4-46所示。

⑭ 在工具箱中选择选择工具，按【Ctrl + Shift + [】键排放到最底层，再在工具箱中选择 吸管工具，然后在画面中单击中间的小圆形，以应用小圆形的属性（填色与描边），应用后的效果如图4-47所示。

⑮ 使用同样的方法再画一个圆，按【Ctrl + Shift + [】键排放到最底层，再按【Ctrl +]】键上移一层，然后在【颜色】面板中设置填色为"C：20，M：0，Y：0，K：0"；描边为"C：71，M：0.4，Y：1.2，K：0"和描边粗细为2pt，如图4-48所示，得到如图4-49所示的效果。

图4-46 绘制一个圆形并设置描边色

图4-47 使用吸管工具吸取颜色

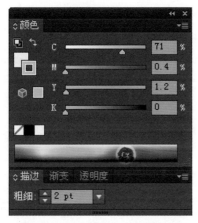

图4-48 设置描边色与描边粗细

图4-49 绘制圆形并填充颜色

⑯ 使用选择工具在画面的空白处单击取消选择，再按【Shift】键在画面中单击需要选择的对象，然后按【Alt + Shift】键将其向左拖动到适当位置，以复制一个副本，如图4-50所示。

图4-50 选择并复制对象

⑰ 按【Ctrl + Shift + G】键将它们取消编组，再选择其中的一朵花并将其拖动到中心，如图4-51所示，然后将其他不需要的对象删除，如图4-52所示。

图4-51　选择对象

图4-52　删除一些不需要对象后的效果

⑱　使用选择工具按【Shift】键选择如图4-53所示的对象，按【Ctrl + G】键将其群组，然后按【Alt + Shift】键将其缩小，如图4-54所示。

⑲　使用选择工具框选刚调整的对象，将其拖动到圆形图案中来，按【Ctrl + Shift +]】键将它排放到最顶层，画面效果如图4-55所示。再使用选择工具选择刚群组的对象，按【Ctrl + [】键几次将其排放到所需的位置。

图4-53　选择对象

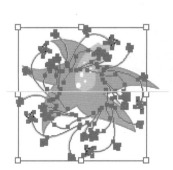

图4-54　缩小对象后的效果

图4-55　复制并排放对象

⑳　在画面的空白处单击取消选择，再选择中间的群组对象，然后在【描边】面板中设置粗细为0.5pt，如图4-56所示。在画面的空白处单击取消选择，按【Ctrl + ;】键隐藏参考线。图案就制作完成了，画面效果如图4-57所示。

图4-56　改变描边粗细

图4-57　隐藏参考线后的最终效果图

4.3 布类图案

实例说明

在制作布类花纹设计、背景图案等作品时，可以用到本例中的"布类图案"效果。如图4-58所示为实例效果图，如图4-59所示为类似范例的实际应用效果图。

图4-58 布类图案最终效果图   图4-59 精彩效果欣赏

设计思路

首先新建一个文档，再使用矩形确定图案的大小，接着使用矩形工具、椭圆工具、填色与描边、复制、【不透明度】等工具与命令绘制出一个图案单元，然后使用选择工具、复制等工具与命令将图案布满矩形，最后使用标尺栏、参考线、椭圆工具、比例缩放工具、钢笔工具、混合工具、【不透明度】、旋转工具、【符号】、符号着色器工具、符号滤色器工具等工具与命令对图案进行组合，以制作出完整的布类图案。如图4-60所示为制作流程图。

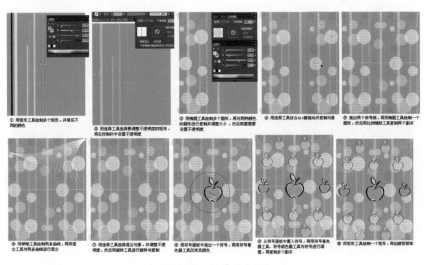

图4-60 制作流程图

操作步骤

01 按【Ctrl + N】键新建一个纵向的文档，再在工具箱中选择▣矩形工具，在画面中单击，在弹出的对话框中设置【宽度】为140mm，【高度】为180mm，如图4-61所示，单击【确定】按钮。在【颜色】面板中设置填色为"C：9.77，M：60.88，Y：93.83，K：0"，描边为无，如图4-62所示

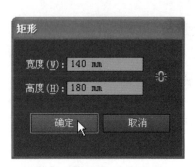

图4-61 【矩形】对话框   图4-62 绘制好的矩形

02 使用矩形工具在如图4-63所示的位置画一条矩形，在【颜色】面板中设置填色为"C：1.18，M：17.25，Y：65.88，K：0"，再在控制栏中设置【不透明度】为50%，得到如图4-64所示的效果。

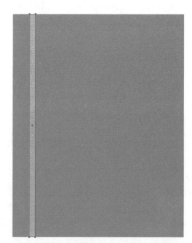

图4-63 绘制矩形条并填充颜色   图4-64 改变不透明度后的效果

03 使用同样的方法在画面中绘制几个长条矩形并分别填充所需的颜色，如图4-65所示。然后在控制栏中分别设置它们的不透明度，设置好不透明度后的效果如图4-66所示。

04 在工具箱中单击选择工具，在画面中选择要复制的对象，再在键盘上按【Alt + Shift】键将其向右拖动并复制一个副本，复制好后的效果如图4-67所示。

05 使用同样的方法再复制一个长条矩形，复制后的结果如图4-68所示。

图4-65 绘制矩形

图4-66 改变不透明度

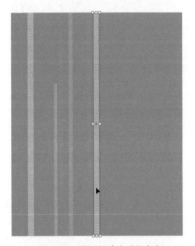

图4-67 拖动并复制对象

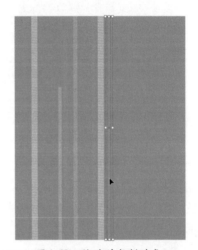

图4-68 拖动并复制对象

06 使用椭圆工具在画面中适当的位置画一个椭圆，并在控制栏中设置填色为白色，描边为无，如图4-69所示。再在控制栏中设置【不透明度】为50%，画面效果如图4-70所示。

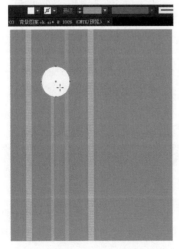

图4-69 使用椭圆工具绘制椭圆

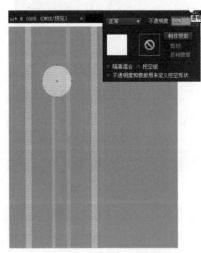

图4-70 改变不透明度

07 使用选择工具将其拖动到适当位置时按下【Alt】键以复制一个副本，再对其进行大小
调整，调整大小后的效果如图4-71所示。

08 使用同样的方法再复制多个副本，并根据需要调整其大小，复制并调整后的效果如
图4-72所示。

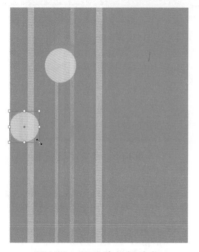

图4-71　拖动并复制对象　　　　　　　　图4-72　复制并调整后的效果

09 使用同样的方法在画面中绘制一个椭圆，并设置它的填色为"C：36，M：0，Y：0，
K：0"。在【透明度】面板中设置【不透明度】为40%，然后复制多个副本并调整其
大小，绘制与复制后的画面效果如图4-73所示。

10 使用同样的方法在画面中绘制其他的椭圆，并分别在【颜色】面板中设置它们的
填色，在【透明度】面板中分别设置所需的不透明度，绘制与复制后的画面效果
如图4-74所示。

图4-73　绘制与复制对象　　　　　　　　图4-74　绘制与复制对象

11 使用选择工具框选所需的内容，如果多选了，可以按【Shift】键单击要取消选择的对
象，如图4-75所示；接着将选择的对象向右拖动到适当位置时按下【Alt + Shift】键将
其复制一个副本，结果如图4-76所示。

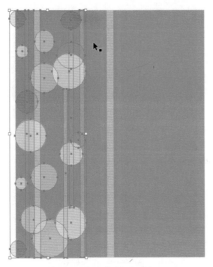

图4-75　选择对象

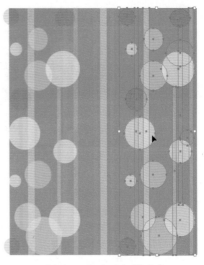

图4-76　拖动并复制对象

⑫ 使用同样的方法在画面中分别绘制两个椭圆并设置不同的填色与不透明度，然后复制多个副本并调整其大小，绘制与复制后的画面效果如图4-77所示。

⑬ 按【Ctrl + R】键显示标尺栏，再在画面中选择矩形，然后从标尺栏中拖出两条参考线至矩形的中点处，使它们相交于矩形的中心点，如图4-78所示。

图4-77　绘制与复制对象

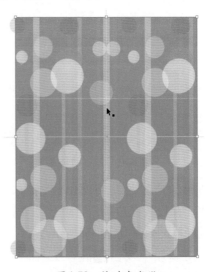

图4-78　拖动参考线

⑭ 在工具箱中选择椭圆工具，按【Alt + Shift】键从参考线的交点处向外拖出一个圆形，再在【颜色】面板中设置填色为无，描边为白色，然后在【透明度】面板中设置【不透明度】为30%，如图4-79所示。

⑮ 在工具箱中双击█比例缩放工具，弹出【比例缩放】对话框，在其中设置【等比】为85%，其他不变，如图4-80所示，单击【复制】按钮，即可复制一个副本，同时它等比缩小了85%，结果如图4-81所示。

⑯ 在工具箱中双击█比例缩放工具，并在弹出的【比例缩放】面板直接单击【复制】按钮，即可复制一个副本，同时它等比缩小了85%，结果如图4-82所示。

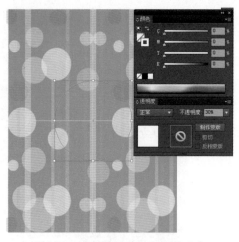

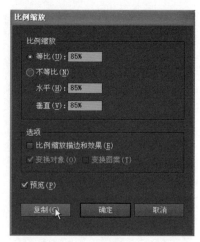

图4-79　绘制圆形并设置不透明度　　　　　图4-80　【比例缩放】对话框

图4-81　复制的副本　　　　　　　　　图4-82　复制副本

17 使用钢笔工具在画面中绘制两条曲线，并设置描边为白，填色为无，绘制好后的效果如图4-83所示。

18 在工具箱中双击 混合工具，弹出【混合选项】对话框，在其中设置【间距】为指定的步数，其步数为20，如图4-84所示，单击【确定】按钮，然后移动指针到要混合的两条曲线上单击，以将它们进行混合，混合后的效果如图4-85所示。

19 在【透明度】面板中设置【不透明度】为20%，得到如图4-86所示的效果。

图4-83　绘制曲线

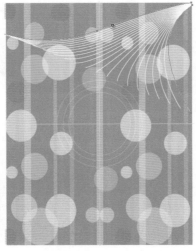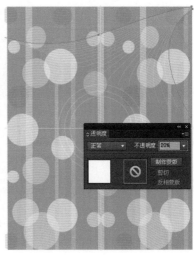

图4-84　【混合选项】对话框　　　　图4-85　创建混合后的效果　　　　图4-86　改变不透明度

⑳ 在工具箱中选择 🔄 旋转工具，并在画面中将旋转中心点拖动到参考线的交点处，如图4-87所示。再按【Alt】键在画面中按下左键进行拖移，到达所需的位置时松开左键与【Alt】键，即可得到一个副本，同时进行一定角度的旋转，结果如图4-88所示。

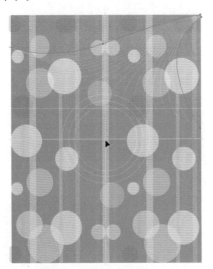

图4-87　移动旋转中心点　　　　　　　　　图4-88　旋转并复制对象

㉑ 使用同样的方法再复制两个副本，复制好并旋转后的效果如图4-89所示。

㉒ 在【窗口】菜单中执行【符号】命令，显示【符号】面板，在其中将苹果拖动到画面的中心点处，如图4-90所示，松开左键后即可将该符号置入画面中，如图4-91所示。

㉓ 在工具箱中单击选择工具，将符号调整到所需的大小，如图4-92所示。

㉔ 在工具箱中双击 🎨 符号着色器工具，弹出【符号工具选项】对话框，在其中设置【强度】为10，其他不变，如图4-93所示，单击【确定】按钮，再在【颜色】面板中设置颜色为红色，如图4-94所示，然后在画面中苹果上单击，即可将苹果的颜色进行更改，画面效果如图4-95所示。

图4-89　旋转并复制对象

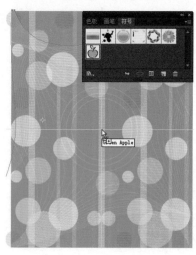

图4-90　拖动符号到画面中

图4-91　置入的符号

图4-92　调整符号大小

图4-93　【符号工具选项】对话框

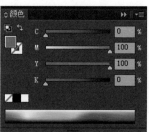

图4-94　【颜色】面板

图4-95　用符号着色器工具对符号着色

㉕ 使用同样的方法再置入一个苹果，如图4-96所示，再在【颜色】面板中设置填色为 "C：10，M：23，Y：100，K：0"，如图4-97所示，然后使用符号着色器工具在刚置入的苹果上单击，以改变它的颜色，改变颜色后的效果如图4-98所示。

图4-96　置入的符号　　　　　　　图4-97　【颜色】面板　　　　图4-98　使用符号着色器工具对

符号着色

㉖ 在工具箱中双击 符号滤色器工具，弹出【符号工具选项】对话框，在其中设置【强度】为3，【直径】为30mm，如图4-99所示，单击【确定】按钮，然后在画面中单击刚置入的改变颜色后的符号，以降低不透明度，画面效果如图4-100所示。

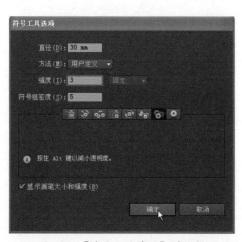

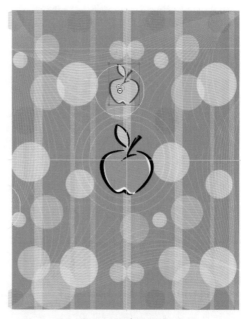

图4-99　【符号工具选项】对话框　　　　　图4-100　改变颜色后的效果

㉗ 在工具箱中单击选择工具，再将其拖动并复制到其他所需的位置，如图4-101所示。

㉘ 使用符号滤色器工具在上方的符号上单击，再次降低不透明度，画面效果如图4-102所示。

图4-101　拖动并复制后的效果

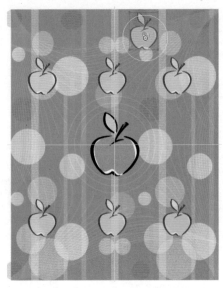

图4-102　降低不透明度后的效果

㉙ 使用选择工具将刚改变不透明度的符号进行移动与复制，复制并移动后的效果如图4-103所示。

㉚ 使用选择工具选择中间最大的苹果，再按【Alt＋Shift】键将其向右拖动并复制到所需的位置，然后对其进行大小调整，调整后的效果如图4-104所示，然后按【Alt＋Shift】键将其向左拖动到适当位置，以复制一个副本，如图4-105所示。

图4-103　拖动并复制后的效果

图4-104　复制并调整大小

㉛ 在工具箱中选择矩形工具并在画面中沿着原来的矩形再绘制一个矩形，在工具箱中切换填色与描边，如图4-106所示。

㉜ 在【图层】面板中单击▣（建立/释放剪切蒙版）按钮，建立剪切蒙版，如图4-107所示。使用选择工具在画面的空白处单击取消选择。布类图案就绘制完成了，画面效果如图4-108所示。

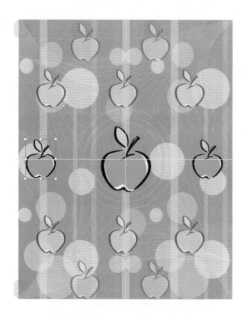

图4-105 拖动并复制对象

图4-106 绘制矩形

图4-107 建立剪切蒙版

图4-108 最终效果图

4.4 方形图案

实例说明

  在制作地毯、图案、桌布、盖布等作品时，可以使用本例"方形图案"效果。如图4-109所示为实例效果图，如图4-110所示为类似范例的实际应用效果图。

图4-109　方形图案

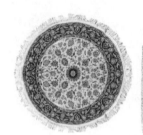

图4-110　精彩效果欣赏

设计思路

　　首先新建一个文档，再使用矩形工具绘制一个正方形确定图案大小，接着使用比例缩放工具、【颜色】面板、【变换】面板、【减去顶层】、【偏移路径】、【描边】面板等工具与命令将方形图案的结构图绘制好。然后使用钢笔工具、【颜色】面板、选择工具、旋转工具、矩形工具、【建立剪切蒙版】、混合工具、椭圆工具、比例缩放工具等工具与命令为图案的每个部分绘制并填充相应的图案单元，以制作出完整的方形图案。如图4-111所示为制作流程图。

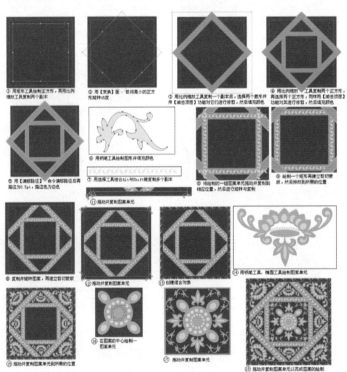
图4-111　制作流程图

操作步骤

01 按【Ctrl + N】键新建一个文档，在工具箱中选择▇矩形工具，在画面上单击弹出【矩形工具】对话框，在其中设置【宽度】为142mm，【高度】为142mm，单击【确定】按钮，即可得到一个正方形，然后显示【颜色】面板，在其中设置填充颜色为"C：97.6，M：61.5，Y：29，K：16.8"，结果如图4-112所示。

02 在工具箱中双击▣比例缩放工具，弹出【比例缩放】对话框，在其中设置【等比】为"92%"，如图4-113所示，单击【复制】按钮，即可复制一个矩形，如图4-114所示。

图4-112　绘制好的矩形　　　　图4-113　【比例缩放】对话框　　　　图4-114　复制并缩小副本

03 在【颜色】面板中设置【描边】为"C：51.3，M：0，Y：98，K：0"，【填色】为无，显示【描边】面板，在【描边】面板中设置【粗细】为1pt。再在工具箱中双击▣比例缩放工具，弹出如图4-115所示的【比例缩放】对话框，在其中设置【等比】为"88%"，单击【复制】按钮复制一个矩形，如图4-116所示。

图4-115　【比例缩放】对话框　　　　　　图4-116　复制并缩小副本

04 显示【变换】面板，在其中设置旋转角度为45°，如图4-117所示，即可将矩形旋转45°，如图4-118所示。

05 在工具箱中双击▣比例缩放工具，弹出【比例缩放】对话框，在其中设置【等比】为"80%"，如图4-119所示，单击【复制】按钮复制一个菱形，如图4-120所示。

图4-117　【变换】面板

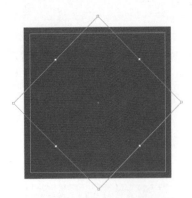
图4-118　旋转后的结果

图4-119　【比例缩放】对话框

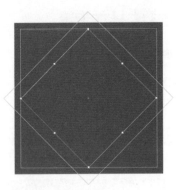
图4-120　复制并缩小副本

06 在工具箱中选择 选择工具，按住【Shift】键选择外面的菱形，将两个菱形选取。显示【路径查找器】面板，在其中单击 （减去顶层）按钮，如图4-121所示，得到如图4-122所示的结果。

图4-121　【路径查找器】面板

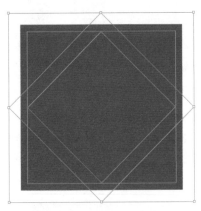
图4-122　修剪后的结果

07 在【颜色】面板中设置填色，如图4-123所示，描边为无，得到如图4-124所示的结果。

图4-123　【颜色】面板

图4-124　填充颜色后的效果

08 使用选择工具单击里面的矩形，然后在工具箱中双击 比例缩放工具，弹出如图4-125所示的对话框，并在其中设置【等比】为"62%"，单击【复制】按钮，即可复制一个矩形，如图4-126所示。

09 双击比例缩放工具，弹出【比例缩放】对话框，在其中设置【等比】为80％，单击
【复制】按钮复制一个矩形，如图4-127所示。

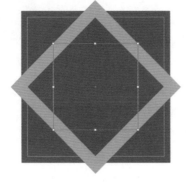

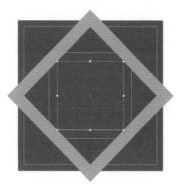

图4-125 【比例缩放】对话框　　　图4-126 复制并缩小副本　　　图4-127 复制并缩小副本

10 在工具箱中选择 选择工具，按住【Shift】键选择稍外的小矩形，以选择这两个矩
形。显示【路径查找器】面板，如图4-128所示，在其中单击 （减去顶层）按钮。
然后在【颜色】面板中设置填色为"C：96.8，M：0.39，Y：98，K：0"，描边为
"C：51.3，M：0，Y：98，K：0"，得到如图4-129所示的结果。

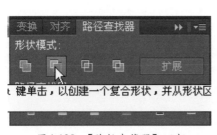

图4-128 【路径查找器】面板　　　　　图4-129 修剪后的结果

11 在画面中选择菱形，在菜单中执行【对象】→【路径】→【偏移路径】命令，弹出如
图4-130所示的对话框，在其中设置【位移】为"－1mm"，单击【确定】按钮，得到
如图4-131所示的结果。

图4-130 【偏移路径】对话框　　　　　图4-131 偏移路径后的结果

⑫ 在【描边】面板中设置【粗细】为0.5pt，在【颜色】面板中设置描边为白色，结果如图4-132所示。

⑬ 在草稿区使用钢笔工具勾画出如图4-133所示的图形，在【颜色】面板中设置填色为"C：23.5，M：0，Y：66.6，K：0"，描边为无。

⑭ 在工具箱中单击选择工具，将指针指向图形内，按下左键向右拖动到适当位置时按下【Shift + Alt】键进行复制，松开左键后即可复制一个图形，如图4-134所示，使用同样的方法进行复制，得到如图4-135所示的结果。

图4-132　改变描边粗细与描边色

图4-133　绘制图形

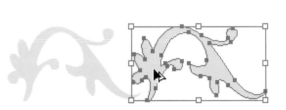

图4-134　复制图形

图4-135　复制图形

⑮ 选取已做好的图案，将它复制并拖动到如图4-136所示的位置，然后将它缩小，再复制一组图案到上方，如图4-137所示。

图4-136　拖动并复制对象并调整大小

图4-137　拖动并复制对象

⑯ 按住【Shift】键选择下面的一组图案，在工具箱中双击 旋转工具，在弹出的【旋转】对话框中输入90°，单击【复制】按钮，如图4-138所示，即可复制所选图案，然后把它们拖动到如图4-139所示的位置即可。

图4-138 【旋转】对话框

图4-139 复制并移动后的效果

⑰ 使用矩形工具沿着里面的小矩形画一个矩形框，并在【颜色】面板中设置填色为无，如图4-140所示。按【Shift】键使用选择工具选择复制后的图案，再在其上右击，在弹出的快捷菜单中选择【建立剪切蒙版】命令，即可得到如图4-141所示的结果。

图4-140 绘制矩形

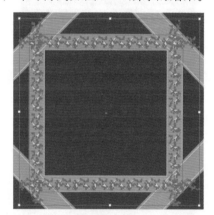

图4-141 选择对象并建立剪切蒙版

⑱ 按【Ctrl + [】键多次后移至菱形的下方，在空白处单击以取消选择，得到如图4-142所示的效果。

⑲ 在工具箱中单击选择工具，从草稿区处复制一组图案后再旋转45°，并将它拖动到菱形的右下边上，再将它进行适当的调整。然后复制一组到左上边，如图4-143所示。

图4-142 改变排放顺序后的效果

图4-143 复制并旋转对象

⑳ 按住【Shift】键选择右下方的图案，再在工具箱中双击 🔄 旋转工具，在弹出的【旋转】对话框中输入90°，单击【复制】按钮，并将它们移到如图4-144所示的位置，在空白处单击取消选择。

㉑ 使用矩形工具沿着内部矩形绘制一个矩形，并在【颜色】面板中设置【填色】为无，效果如图4-145所示。

图4-144 复制并旋转后的效果

图4-145 绘制矩形

㉒ 按【Shift】键使用选择工具选择刚复制的四组图案和菱形，如图4-146所示。在其上右击，并在弹出的快捷菜单中选择【建立剪切蒙版】命令，再取消选择，得到如图4-147所示的效果。

图4-146 选择对象

图4-147 建立剪切蒙版后的效果

㉓ 从草稿区的图案上选择一个单元的图案并复制到画面的右下角，在【颜色】面板中设置填色为"C：83.1，M：0，Y：100，K：0"，效果如图4-148所示。按【Shift + Alt】键，向左移到画面的左下角，松开左键即可复制一个单元，如图4-149所示。

图4-148 拖动并复制对象

图4-149 拖动并复制对象

㉔ 使用选择工具选择这两个单元的图案，把它们复制到画面上方的两角，再旋转180°，结果如图4-150所示。同样对左右两边的图案进行复制，得到如图4-151所示的结果。

图4-150　复制并旋转对象

图4-151　复制并旋转对象

㉕ 在工具箱中双击 混合工具，弹出如图4-152所示的对话框，在其中设置【间距】为指定的步数，然后在其后的文本框内输入8，单击【确定】按钮。

㉖ 在下边的两个单元图案上单击，得到如图4-153所示的结果，再在右上角的单元图案上单击，接着在左上角和右下角的单元图案上分别单击，得到如图4-154所示的效果。

图4-152　【混合工具】对话框

图4-153　混合对象

㉗ 使用矩形工具沿着深蓝色的矩形画一个矩形路径，如图4-155所示。

图4-154　混合对象

图4-155　绘制矩形

28 按【Shift】键使用选择工具选择沿着深蓝色矩形边缘的图案，如图4-156所示，再在其上右击，并在弹出的快捷菜单中选择【建立剪切蒙版】命令，取消选择，得到如图4-157所示的效果。

图4-156　选择对象　　　　　　　　　图4-157　建立剪切蒙版后的效果

29 在草稿区使用钢笔工具勾画出如图4-158所示图案，在【颜色】面板中设置填色为"C：83.1，M：0，Y：100，K：0"，描边为无。使用椭圆工具在其上绘制出如图4-159所示的椭圆，并填充颜色为"C：36，M：0，Y：99.6，K：0"。

30 使用选择工具选择这两个对象并对它们进行复制，如图4-160所示。然后对复制的对象进行适当的旋转，如图4-161所示。这样再复制并旋转多次，取消选择，得到如图4-162所示的效果。

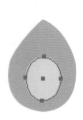
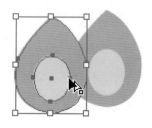

图4-158　绘制图形　　　　图4-159　绘制图形　　　　图4-160　复制对象

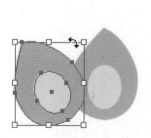

图4-161　旋转对象　　　　　　图4-162　复制并旋转多个对象

31 使用椭圆工具在刚画图案的下方绘制一个如图4-163所示的椭圆，并填充颜色为"C：83.1，M：0，Y：100，K：0"。

32 使用椭圆工具在大椭圆的上方中央绘制一个小圆，如图4-164所示，并填充颜色为"C：36，M：0，Y：99.6，K：0"。然后对小圆进行复制，在复制的同时沿着椭圆排放，结果如图4-165所示。

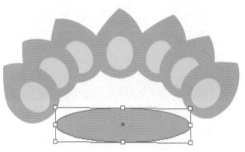

图4-163　绘制椭圆

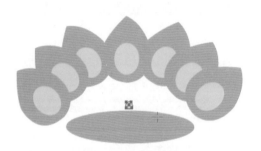

图4-164　绘制圆形

图4-165　复制多个圆形

33 使用钢笔工具勾画出如图4-166所示的图形，在【颜色】面板中设置填色为"C：83.1，M：0，Y：100，K：0"，描边为无，效果如图4-167所示。

图4-166　绘制图形

图4-167　填充颜色

34 使用钢笔工具在画面中勾画出如图4-168所示的图形，在【颜色】面板中设置填色为"C：36，M：0，Y：99.6，K：0"，描边为无。

35 使用选择工具选择这组图案，然后进行复制并旋转，将它们移到画面的右下角，调整到适当的大小，如图4-169所示。接着将这组图案向其他三个角进行复制，得到如图4-170所示的效果。

图4-168　绘制图形并填充颜色

图4-169 复制并旋转对象

图4-170 复制并旋转对象

36 对这组图案进行复制并旋转到画面的右边，再将它适当调小，结果如图4-171所示。接着向其他三个角进行复制，得到如图4-172所示的效果。

37 按【Shift】键并使用椭圆工具在画面的中央画一个圆，填充颜色为 "C：83.1，M：0，Y：100，K：0"，结果如图4-173所示。

图4-171 复制并旋转对象　　图4-172 复制并旋转对象　　　　　图4-173 绘制圆形

38 使用椭圆工具在圆的右上角画一个如图4-174所示的椭圆，再在其上画一个小椭圆，如图4-175所示，并填充颜色为 "C：36，M：0，Y：99.6，K：0"。

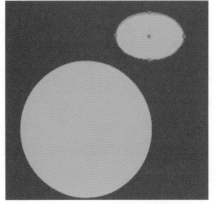

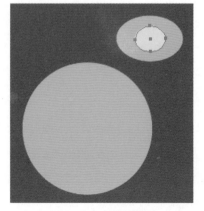

图4-174 绘制椭圆　　　　　　　　　　图4-175 绘制椭圆

39 使用选择工具并按住【Shift】键选择它下面的大椭圆，将所选对象进行旋转并移动到如图4-176所示的位置；在工具箱中选择旋转工具，在圆的中心点上单击将旋转中心移至圆中心上，然后按下左键沿着圆拖动，到适当的位置时按下【Alt】键进行复制，松开左键即可复制这两个对象，如图4-177所示。这样再继续拖动并复制两次，得到如图4-178所示的效果。

图4-176 选择并旋转对象　图4-177 复制并旋转对象　图4-178 复制并旋转对象

40 使用椭圆工具在画面上画一个如图4-179所示的椭圆，然后使用上面同样的方法沿着圆复制并拖动，得到如图4-180所示的效果。

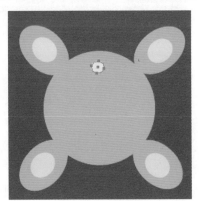 

图4-179 绘制椭圆　　　　　图4-180 复制并旋转椭圆

提 示

可以选择旋转工具，并将旋转中心点拖动到圆形中心上，再按【Alt】键进行拖动到所需的位置，松开左键以复制一个副本，然后按【Ctrl】＋"D"键以相同的距离再制多个副本。

41 在工具箱中单击选择工具，并按住【Shift】键选择这一组圆，如图4-181所示，在工具箱中双击■比例缩放工具，并在弹出的【比例缩放】对话框中设置为60%，单击【复制】按钮，得到如图4-182所示的圆形。

42 使用选择工具从草稿区选择一个单元的图案，并将它复制到画面中来，然后对它进行旋转并移动到如图4-183所示的位置。再使用上面同样的方法沿着圆对这个单元的图案进行旋转复制，结果如图4-184所示。

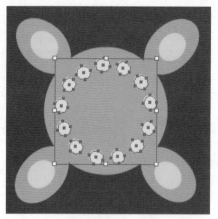

图4-181　选择对象

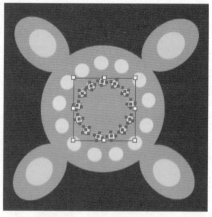

图4-182　复制并缩小对象

图4-183　复制并移动对象

图4-184　复制并旋转对象

43 使用选择工具选择草稿区相应的单元并填充相应的颜色，然后将它复制到画面中来，并对它进行适当的旋转和移动，如图4-185所示；在工具箱中选择 ▣ 镜像工具，将镜像中心移到适当的位置，然后按下左键进行镜像旋转，到适当的位置时按【Alt】键进行复制，松开左键得到如图4-186所示的效果。

图4-185　复制并旋转

图4-186　复制并镜像对象

44 使用选择工具并按住【Shift】键选择另一单元，然后使用上面的方法对其他三个角进行旋转和复制，结果如图4-187所示。

45 使用选择工具选择圆上的一个单元，将它复制并适当缩小，然后将它旋转到如图4-188所示的位置。接着向其他三个角进行旋转并复制，取消选择后效果如图4-189所示。图案就绘制完成了。

图4-187　复制并旋转对象

图4-188　复制并旋转对象

图4-189　复制并旋转对象

中文版
Illustrator CS6
平面设计全实例

第5章
位图系列

本章通过将位图处理成高对比度效果，将位图处理成水粉画效果，将位图处理成油画效果和将位图转换成矢量图效果4个范例，介绍了使用Illustrator CS6处理位图的技巧。

5.1 将位图处理成高对比度效果

实例说明

在进行图片处理、影像制作、场景处理时，可以使用范例"将位图处理成高对比度效果"的处理方法。如图5-1所示为图片处理前后的效果图对比，如图5-2所示为类似范例的实际应用效果图。

图5-1 处理前后效果图对比

图5-2 精彩效果欣赏

设计思路

首先新建一个文档并置入一张要处理的图片，再使用【复制】、【粘贴】、【黑白徽标】、【网状】、【混合模式】、【置于顶层】、【炭精笔】等工具与命令将置入的图片处理成高对比度效果。如图5-3所示为制作流程图。

① 置入的位图

② 复制一个副本后再将副本进行【黑白徽标】描摹

③ 执行【网状】命令后的效果

④ 改变混合模式后的效果

⑤ 将原图像置于顶层

⑥ 执行【炭精笔】命令后的效果

⑦ 改变混合模式后的效果

图5-3 制作流程图

操作步骤

01 按【Ctrl + N】键新建一个文档，在菜单中执行【文件】→【置入】命令，在弹出的对话框中选择要置入的图片并取消【链接】的勾选，如图5-4所示，单击【置入】按钮，即可在画面中得到如图5-5所示的图片。

图5-4 【置入】对话框

图5-5 置入的图片

02 按【Ctrl + C】键执行【复制】命令，按【Ctrl + V】键执行【粘贴】命令，以复制一个副本，再按【Ctrl + V】键粘贴一个副本，结果如图5-6所示。

03 在控制栏中单击【图像描摹】后的下拉按钮，在弹出的菜单中选择【黑白徽标】命令，如图5-7所示，即可对复制的副本进行描摹，描摹后的效果如图5-8所示。

04 在菜单中执行【效果】→【素描】→【网状】命令，弹出【网状】对话框，在其中设置【浓度】为12，【前景色阶】为24，【背景色阶】为5，如图5-9所示，单击【确定】按钮，即可得到如图5-10所示的效果。

图5-6 复制一个副本

05 显示【透明度】面板，在其中设置混合模式为【正片叠底】，以显示出下层的内容，从而达到混合效果，画面效果如图5-11所示。

图5-7　选择【黑白徽标】命令

图5-8　描摹后的效果

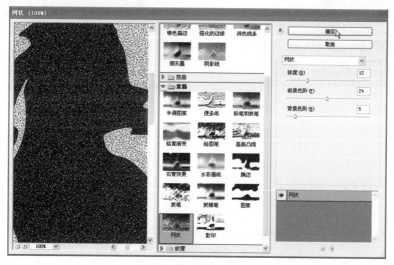

图5-9　【网状】对话框

图5-10　使用【网状】命令处理后的效果

图5-11　改变混合模式后的效果

06 使用选择工具将其拖动到原图片上，并与其进行重叠对齐，如图5-12所示，再选择另一个副本，然后在菜单中执行【排列】→【置于顶层】命令，或按【Shift + Ctrl +]】键将其放到顶层，如图5-13所示，然后将其与原图片进行重叠对齐。

图5-12　选择并移动对象

图5-13　选择图像并置于顶层

07 在菜单中执行【效果】→【素描】→【炭精笔】命令，在弹出的对话框中设置【纹理】为砂岩，【前景色阶】为12，【背景色阶】为11，【缩放】为76，【凸现】为2，其他不变，如图5-14所示，单击【确定】按钮，得到如图5-15所示的效果。

图5-14　【炭精笔】对话框

图5-15　使用【炭精笔】命令处理后的效果

08 在【透明度】面板中设置混合模式为【叠加】，【不透明度】为80%，如图5-16所示，得到如图5-17所示的效果。

图5-16 【透明度】面板

图5-17 改变混合模式后的效果

5.2 将位图处理成水粉画效果

实例说明

在进行图片处理、影像制作、场景处理时，可以使用范例"将位图处理成水粉画效果"中使用的制作方法。如图5-18所示为实例效果图，如图5-19所示为类似范例的实际应用效果图。

图5-18 处理前后效果图对比

图5-19　精彩效果欣赏

设计思路

　　首先新建一个文档并置入一张要处理的图片，再使用【复制】、【粘贴】、【涂抹棒】、【塑料包装】、【成角的线条】、【置于底层】等工具与命令将置入的图片处理成水粉画效果。如图5-20所示为制作流程图。

① 先置入图片，并复制一个副本，再对
副本执行【涂抹棒】命令后的效果

② 执行【塑料包装】命令后的效果

③ 执行【成角的线条】命令后的效果

④ 将原图片置于顶层并改变混合模式

图5-20　制作流程图

操作步骤

01 按【Ctrl + N】键新建一个横向的文档，在菜单中执行【文件】→【置入】命令，在弹出的对话框中选择要置入的图片并取消【链接】的勾选，单击【置入】按钮，即可在画面中得到如图5-21所示的图片。

02 按【Ctrl + C】键进行复制，再按【Ctrl + V】键进行粘贴，以得到一个副本，然后在菜单中执行【效果】→【艺术效果】→【涂抹棒】命令，在弹出的对话框中设置【线条长度】的0，

图5-21　置入的图片

【高光区域】为2，【强度】为5，如图5-22所示，单击【确定】按钮，得到如图5-23所示的效果。

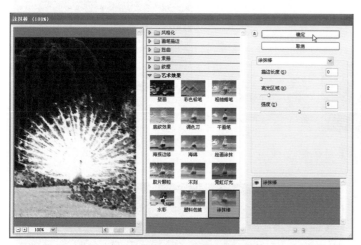

图5-22　【涂抹棒】对话框

图5-23　使用【涂抹棒】命令处理后的效果

03 在菜单中执行【效果】→【艺术效果】→【塑料包装】命令，在弹出的对话框中设置【高光强度】为1，【细节】为3，【平滑度】为7，如图5-24所示，单击【确定】按钮，得到如图5-25所示的效果。

04 在菜单中执行【效果】→【画笔描边】→【成角的线条】命令，在弹出的对话框中设置【方向平衡】为100，【描边长度】为4，【锐化程度】为7，如图5-26所示，单击【确定】按钮，得到如图5-27所示的效果。

05 在菜单中执行【排列】→【置于底层】命令，或按【Shift + Ctrl + [】键将处理过的图片置于底层，再选择原图片，然后在【透明度】面板中设置混合模式为【叠加】，如图5-28所示，得到如图5-29所示的效果。水粉画效果就制作完成了。

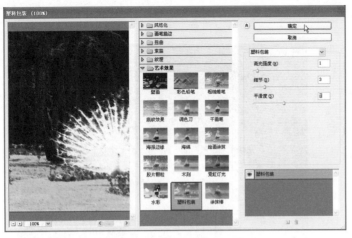

图5-24 【塑料包装】对话框

图5-25 使用【塑料包装】命令
处理后的效果

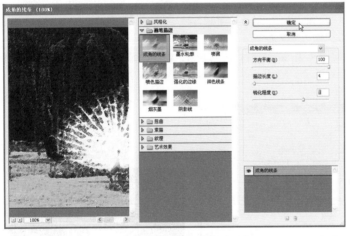

图5-26 【成角的线条】对话框

图5-27 使用【成角的线条】命令
处理后的效果

图5-28 【透明度】面板

图5-29 改为不透明度后的效果

5.3 将位图处理成油画效果

实例说明

在进行图片处理、场景制作时，可以使用范例"将位图处理成油画效果"中的制作方法。如图5-30所示为实例效果图，如图5-31所示为类似范例的实际应用效果图。

图5-30 处理前后的效果图对比

图5-31 精彩效果欣赏

设计思路

首先新建一个文档并置入一张要处理的图片，再使用【高斯模糊】、【成角的线条】、【墨水轮廓】、【海洋波纹】、【置于底层】等工具与命令将置入的图片处理成油画效果。如图5-32所示为制作流程图。

① 先置入图片，再对图片进行高斯模糊处理   ② 执行【成角的线条】命令后的效果

③ 执行【墨水轮廓】命令后的效果   ④ 执行【海洋波纹】命令后的效果

图5-32　制作流程图

操作步骤

01 按【Ctrl + N】键新建一个横向的文件，在菜单中执行【文件】→【置入】命令，在弹出的对话框中选择要置入的图片，取消【链接】的勾选，单击【置入】按钮，即可在画面中得到如图5-33所示的图片。

图5-33　置入的图片

02 在菜单中执行【效果】→【模糊】→【高斯模糊】命令，在弹出的对话框中设置【半径】为0.5像素，如图5-34所示，单击【确定】按钮，得到如图5-35所示的效果。

03 在菜单中执行【效果】→【画笔描边】→【成角的线条】命令，在弹出的对话框中设置【方向平衡】为54，【描边长度】为3，【锐化程度】为10，如图5-36所示，单击【确定】按钮，得到如图5-37所示的效果。

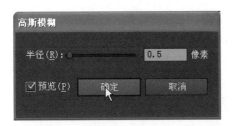

图5-34 【高斯模糊】对话框

图5-35 高斯模糊处理后的效果

图5-36 【成角的线条】对话框

图5-37 使用【成角的线条】命令
处理后的效果

04 在菜单中执行【效果】→【画笔描边】→【墨水轮廓】命令，在弹出的对话框中设置【描边长度】为1，【深色强度】为20，【光照强度】为40，如图5-38所示，单击【确定】按钮，得到如图5-39所示的效果。

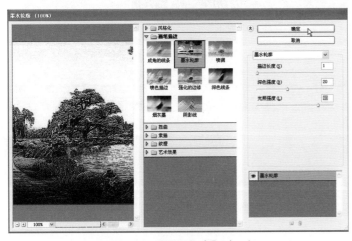

图5-38 【墨水轮廓】对话框

图5-39 使用【墨水轮廓】命令
处理后的效果

05 在菜单中执行【效果】→【扭曲】→【海洋波纹】命令，在弹出的对话框中设置【波纹大小】为1，【波纹幅度】为0，如图5-40所示，单击【确定】按钮，得到如图5-41所示的效果。

图5-40 【海洋波纹】对话框

图5-41 最终效果图

5.4 将位图转换成矢量图效果

 实例说明

在进行图片处理、艺术图制作时，可以使用范例"将位图转为矢量图效果"中的制作方法。如图5-42所示为实例效果图，如图5-43所示为类似范例的实际应用效果图。

图5-42　处理前后的效果对比图

图5-43　精彩效果欣赏

设计思路

　　首先新建一个文档并置入一张要处理的图片，再使用【木刻】、【高保真度照片】等工具与命令将置入的图片转换为矢量图效果。如图5-44所示为制作流程图。

① 先置入图片，再执行【木刻】命令后的效果　　② 执行【高保真度照片】命令描摹后的效果

图5-44　制作流程图

操作步骤

01 按【Ctrl + N】键新建一个横向的文档，在菜单中执行【文件】→【置入】命令，在弹出的对话框中选择要置入的图片并取消【链接】的勾选，单击【置入】按钮，即可在画面中得到如图5-45所示的图片。

图5-45　置入的图片

02 在菜单中执行【效果】→【艺术效果】→【木刻】命令，在弹出的对话框中设置【色阶数】为6，【边缘简化度】为3，【边缘逼真度】为1，如图5-46所示，单击【确定】按钮，得到如图5-47所示的画面效果。

03 在控制栏中单击【图像描摹】后的下拉按钮并在弹出的菜单中选择【高保真度照片】命令，即可得到如图5-48所示的效果。

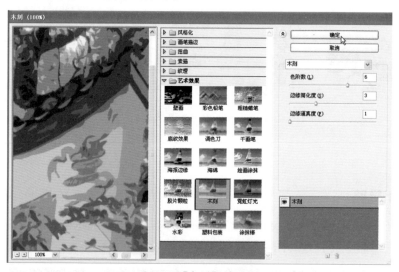

图5-46　【木刻】对话框

图5-47　使用【木刻】命令处理后的效果

图5-48　描摹后的效果

第6章
工业产品系列

本章通过折扇、陶瓷碗、读卡器、手机、收音机和手表6个范例，介绍了使用Illustrator CS6绘制工业产品的技巧。

6.1 折扇

实例说明

在制作插画、广告宣传、礼品包装时，都可以用到范例"折扇"的制作方法。如图6-1所示为实例效果图，如图6-2所示为类似范例的实际应用效果图。

图6-1 折扇最终效果图

图6-2 精彩效果欣赏

设计思路

首先新建一个文档并显示标尺栏，从标尺栏中拖出两条参考线相交于绘图页的适当位置以确定扇子的旋转中心点，接着使用矩形工具、直接选择工具、椭圆工具、选择工具、【联集】、钢笔工具等工具与命令绘制一片扇页与扇柄；再使用选择工具、【颜色】面板、【渐变】面板对扇页进行渐变填充，对扇柄进行单色填充；然后使用选择工具、旋转工具、编组、拖动并复制、再制等工具与命令绘制扇子，最后使用椭圆工具、【渐变】面板、全选、编组、【投影】、【置入】、【用网格建立】、混合模式等工具与命令为扇子添加配件。如图6-3所示为制作流程图。

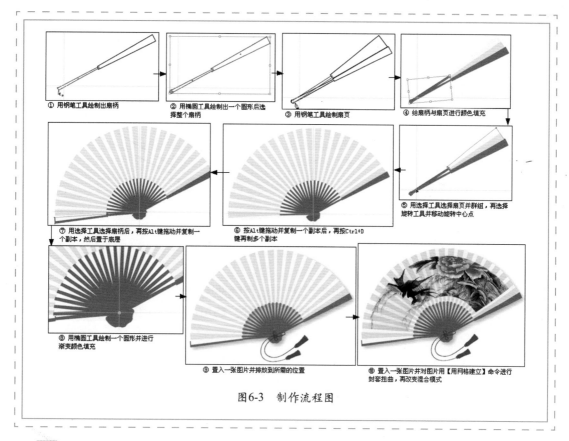

图6-3　制作流程图

操作步骤

01 按【Ctrl + N】键新建一个横向的文档,在选项栏中设置 填色为无,描边为黑色,描边粗细为1pt。

02 按【Ctrl + R】键显示标尺栏,并从标尺栏中拖出两条相交叉的参考线,再在工具箱中选择 矩形工具,在参考线的右上方单击,弹出【矩形】对话框,如图6-4所示,在其中设置【宽度】为49mm,【高度】为3.5mm,单击【确定】按钮,得到如图6-5所示的矩形。

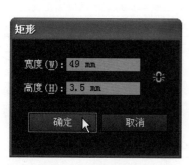

图6-4　【矩形】对话框

图6-5　绘制好的矩形

03 在工具箱中选择 直接选择工具,在画面中分别拖动矩形的四个顶点,得到如图6-6所示的形状。

04 使用矩形工具在辅助线的右上方单击，在弹出的【矩形】对话框中设置【宽度】为49mm，【高度】为3.5mm，单击【确定】按钮，得到如图6-7所示的矩形。

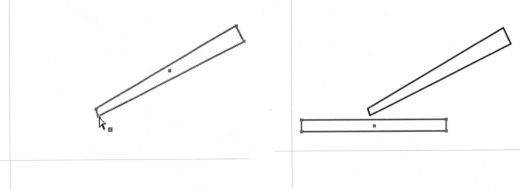

图6-6　使用直接选择工具调整形状　　　　　　　　图6-7　绘制矩形

05 使用直接选择工具分别拖动矩形的四个顶点，得到如图6-8所示的形状。

06 在工具箱中选择 ◎ 椭圆工具，在小矩形的尾部按【Shift】键拖出一个正圆，如图6-9所示。

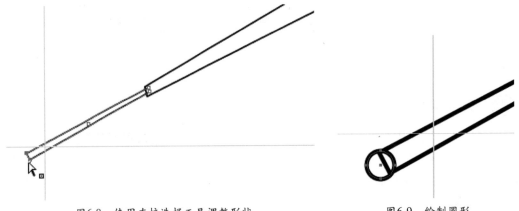

图6-8　使用直接选择工具调整形状　　　　　　　　图6-9　绘制圆形

07 在工具箱中选择 ▶ 选择工具，在画面上框选已画好的图形，按【Shift】键选择两个矩形。在菜单中执行【窗口】→【路径查找器】命令，显示【路径查找器】面板并在其中单击【联集】按钮，如图6-10所示，得到如图6-11所示的效果。

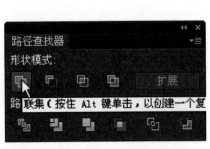

图6-10　【路径查找器】面板

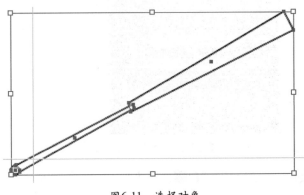

图6-11　选择对象

08 使用矩形工具在辅助线的右上方拖出如图6-12所示的矩形。使用直接选择工具分别拖动矩形的四个顶点，得到如图6-13所示的形状。

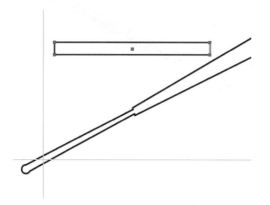

图6-12 绘制矩形

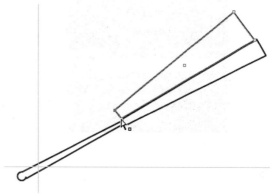

图6-13 调整形状

09 在工具箱中选择 钢笔工具，再在画面中勾画出扇页柄，如图6-14所示。

10 在工具箱中单击选择工具，在画面中选择合并了的图形，然后在【颜色】面板中设置填色为"C：41.02，M：67.58，Y：100，K：3.13"，描边为无，如图6-15所示，得到如图6-16所示的效果。

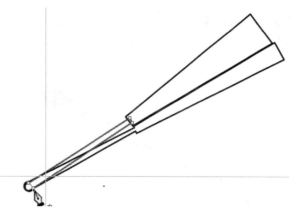

图6-14 使用钢笔工具绘制图形

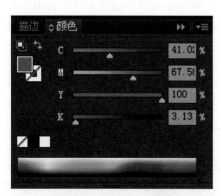

图6-15 【颜色】面板

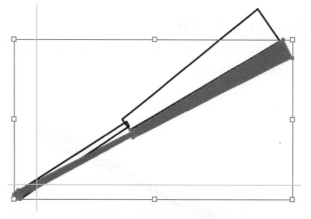

图6-16 填充颜色后的效果

11 在画面中选择上方表示扇页的图形，在【颜色】面板中设置描边为无，并在【渐变】面板中设置【类型】为线性，【角度】为124.6°，然后在渐变条中设置左边的色标颜色为"C：13.28，M：15.63，Y：25，K：0"，右边的色标颜色为"C：3.91，M：4.69，Y：16.41，K：0"，然后拖动滑块到如图6-17所示的位置，得到如图6-18所示的效果。

图6-17 【颜色】面板

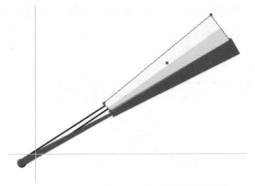

图6-18 填充渐变颜色后的效果

⓬ 使用选择工具在画面上选择刚进行渐变颜色填充图形左下方的扇柄，然后在【颜色】面板中设置填色为"C：41.02，M：67.58，Y：100，K：3.13"，描边为无，得到如图6-19所的效果。

⓭ 按【Shift】键选择如图6-20所示的图形，然后按【Ctrl＋G】键进行编组。

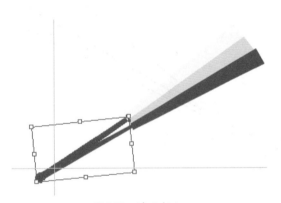

图6-19 填充颜色

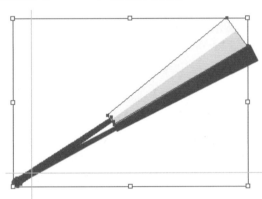

图6-20 选择并编组对象

⓮ 在工具箱中选择 旋转工具，在画面中将旋转中心点移到辅助线的交叉点上，如图6-21所示，再按【Alt】键围绕中心向左旋转到适当位置，松开左键与【Alt】键后得到如图6-22所示的效果。

图6-21 移动旋转中心点

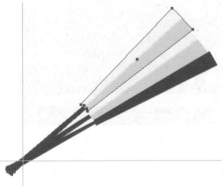

图6-22 旋转并复制对象

⓯ 按【Ctrl＋D】键22次，得到以围绕中心旋转的扇子，如图6-23所示。

⑯ 使用选择工具选择联集所得的图形，使用上面的方法向右围绕中心点进行旋转，旋转到如图6-24所示的位置。

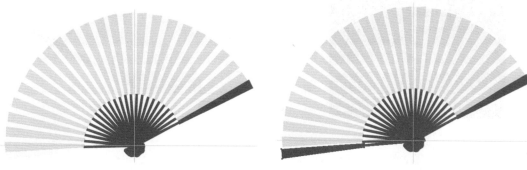

图6-23　再制对象　　　　　　　　　　图6-24　旋转并复制对象

⑰ 按【Shift + Ctrl + [】将这组图形移到最后面，得到如图6-25所示的效果。

⑱ 使用椭圆工具在辅助线的交叉点上绘制一个圆，在【渐变】面板中设置【类型】为径向，然后在渐变条中设置左边的色标颜色为白色，右边的色标颜色为"K：49.41"，如图6-26所示，即可得到如图6-27所示的效果。

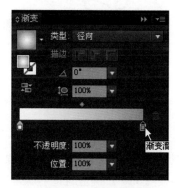

图6-25　改变排列顺序后的效果　　　　　　图6-26　【渐变】面板

⑲ 按【Ctrl + A】键全选画面中的所有图形，然后按【Ctrl + G】键编组图形，如图6-28所示。

图6-27　绘制圆形并填充颜色　　　　　　图6-28　全选图形

⑳ 在菜单中执行【效果】→【风格化】→【投影】命令，在弹出的对话框中设置具体参数，如图6-29所示，单击【确定】按钮，得到如图6-30所示的效果。

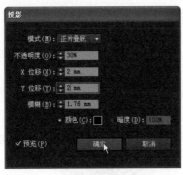

图6-29 【投影】对话框

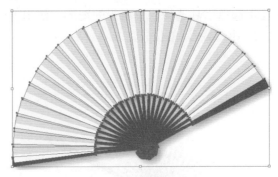

图6-30 添加投影后的效果

㉑ 在菜单中执行【文件】→【置入】命令，从素材库中置入一张如图6-31所示的图片。

㉒ 按【Shift】键将它缩小到适当大小，拖动到如图6-32所示的位置，这样扇子就绘制出来了。

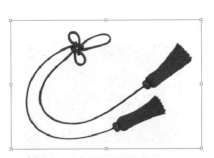

图6-31 置入的图片

图6-32 调整大小后的效果

㉓ 在菜单中执行【文件】→【置入】命令，从素材库中置入一张如图6-33所示的图片，再按【Shift】键进行适当大小调整。

㉔ 在菜单中执行【对象】→【封套扭曲】→【用网格建立】命令，在弹出的对话框中设置【行数】与【列数】为1，如图6-34所示，单击【确定】按钮即可。

图6-33 置入的图片

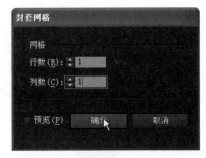

图6-34 【封套网格】对话框

㉕ 在空白处单击取消选择，在工具箱中选择直接选择工具，在画面中单击右下角的控制点，将它拖到如图6-35所示位置，同样单击并拖动左下角的控制点到如图6-36所示的位置。

图6-35　调整形状　　　　　　　　　　图6-36　调整形状

㉖ 使用直接选择工具单击并拖动锚点到适当位置，以调整图片的弯曲度，如图6-37所示，使用同样的方法将其他的控制点和锚点拖动到适当位置，将图片调整为如图6-38所示的效果。

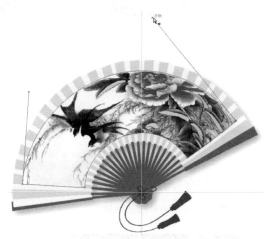

图6-37　调整形状　　　　　　　　　　图6-38　调整形状

㉗ 使用选择工具在空白处单击取消选择，再单击调整后的图片，在【透明度】面板中设置混合模式为【正片叠底】，如图6-39所示，按【Ctrl＋；】键隐藏参考线，再在空白处单击取消选择。扇子就制作完成了，画面效果如图6-40所示。

图6-39　【透明度】面板　　　　　　图6-40　改变混合模式后的最终效果图

6.2 陶瓷碗

实例说明

在制作产品模型、瓷器以及绘制立体实物时，都可以使用范例"陶瓷碗"的制作方法。如图6-41所示为实例效果图，如图6-42所示为类似范例的实际应用效果图。

图6-41　陶瓷碗最终效果图　　　　　图6-42　精彩效果欣赏

设计思路

先打开需要的图案并对图案进行相应的编辑及将其创建成符号，再使用钢笔工具绘制碗的截面图，然后使用【绕转】命令将截面图旋转成立体图形并给它贴图。如图6-43所示为制作流程图。

① 打开的带状图案

② 将不需要的部分删除后的效果

③ 用矩形工具绘制一个矩形，并置于图案的下层，然后再复制一个副本

④ 将图案创建成符号

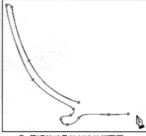

⑤ 用钢笔工具绘制碗的截面图

⑥ 执行【绕转】命令将截面图绕转成一个碗，并给碗贴图

图6-43　制作流程图

操作步骤

（1）制作符号

01 按【Ctrl + O】键打开前面做好的图案，选择如图6-44所示的图案，使用选择工具选择图案，如图6-45所示，按【Ctrl + C】键进行复制。然后新建一个横向的文档，再按【Ctrl】+ "V"键进行粘贴，得到如图6-46所示的效果。

图6-44　打开的图案

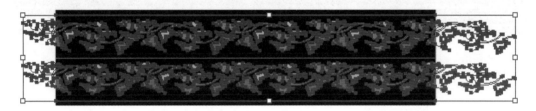

图6-45　选择对象

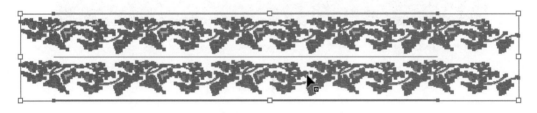

图6-46　复制并粘贴对象

02 在【对象】菜单中执行【取消编组】命令，将其取消编组，接着在空白处单击取消选择，再在图案中单击要删除的对象，以选择它，如图6-47所示，然后在键盘上按【Delete】键将其删除，删除后的效果如图6-48所示。

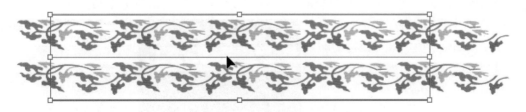

图6-47　取消编辑并选择对象

03 使用选择工具框选下方的图案，同样在键盘上按【Delete】键将其删除，删除后的结果如图6-49所示。

图6-48　删除一些对象后的效果

图6-49　删除一些对象后的效果

04 在工具箱中选择■矩形工具，在画面上画一个矩形将图案框住，填充颜色为蓝色，轮廓线为无，再按【Ctrl + Shift + [】键将它排放到最底层，如图6-50所示。

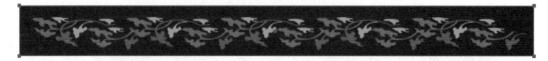

图6-50　绘制矩形并填充颜色

05 使用选择工具框选图案与矩形，按【Alt + Shift】键向下拖动到如图6-51所示的位置，即可复制一组矩形和图案。

图6-51　拖动并复制对象

06 使用选择工具框选所有图案与矩形，在【符号】面板中单击右上角的三角形，在弹出的菜单中选择【新建符号】命令，如图6-52所示。再在弹出的【符号选项】对话框中设置【名称】为瓷碗图案，如图6-53所示，单击【确定】按钮，即可将图案添加到符号中，如图6-54所示。然后将文档进行保存，同样命名为瓷碗图案。

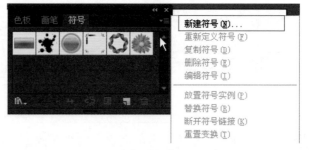

图6-52　选择【新建符号】命令

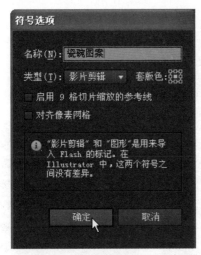

图6-53 【符号选项】对话框　　　　　　　　图6-54 【符号】面板

（2）制作碗

07 将画面中的图案删除，再将文档另存为陶瓷碗，在工具箱中选择 钢笔工具，在工具箱中切换描边与填色，使描边为蓝色，填色为无，在画面上勾画出如图6-55所示的轮廓，用来作为碗的截面图。

08 在菜单中执行【效果】→【3D】→【绕转】命令，在弹出的【3D绕转选项】对话框中勾选【预览】选项，即可将勾画的轮廓进行绕转，以绕转出三维立体效果，如图6-56所示。

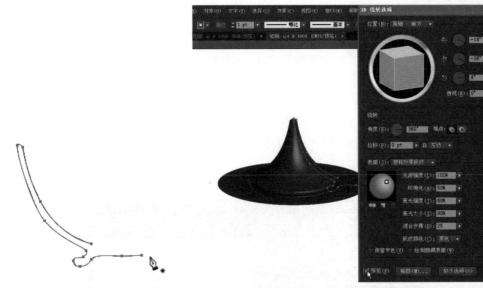

图6-55 使用钢笔工具绘制截面图　　　　　图6-56 【3D绕转选项】对话框与效果

09 在【自】下拉列表中选择右边，得到一个碗的形状，如图6-57所示。

10 在【3D绕转选项】对话框的光源预览框中将光源拖动到左上方，设置【高光强度】为83%，其他不变，如图6-58所示。然后单击 （新建光源）按钮添加一个光源，拖动到所需的位置并设置所需的参数，如图6-59所示，此时的画面效果如图6-60所示。

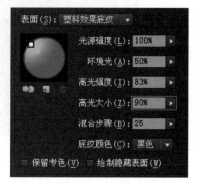

图6-57 【3D绕转选项】对话框与效果　　　　　　　图6-58　设置光源

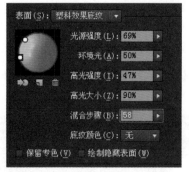

图6-59　设置光源　　　　　　　　　　图6-60　设置光源后的效果

⑪ 在【3D绕转选项】对话框中单击【贴图】按钮，弹出【贴图】对话框，先勾选【预览】选项，在【贴图】对话框中单击▶（下一个面）按钮，找到要贴图的一个面，在【符号】列表中选择前面新建的符号，如图6-61所示。松开左键后即可将图案添加到对话框中，如图6-62所示。

图6-61　贴图

⑫ 在【贴图】对话框中先单击【缩放以适合】按钮，使其适合碗，再调整图案的大小，如图6-63所示，单击【确定】按钮，返回到【3D绕转选项】对话框中单击【确定】按钮，即可得到如图6-64所示的效果，在空白处单击取消选择。陶瓷碗就制作完成了。

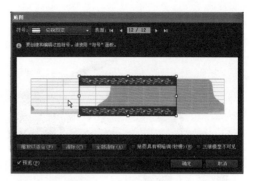

图6-62 【贴图】对话框

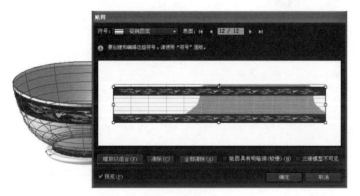

图6-63 贴图

图6-64 最终效果图

6.3 读卡器

实例说明

在产品模型设计、实物写生以及绘制电器时，都可以使用范例"读卡器"中的制作方法。如图6-65所示为实例效果图，如图6-66所示为类似范例的实际应用效果图。

图6-65 读卡器最终效果图

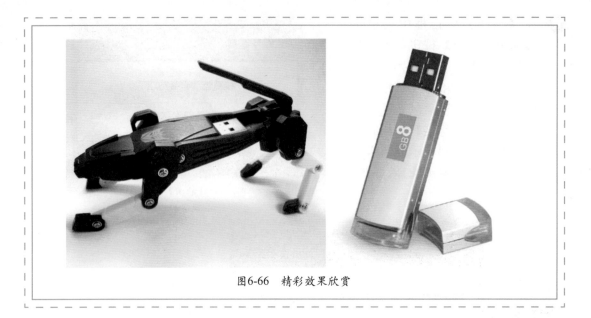

图6-66　精彩效果欣赏

设计思路

　　首先新建一个文档，再使用钢笔工具、椭圆工具绘制出读卡器的结构图，然后使用渐变工具、直接选择工具、【渐变】面板、【颜色】面板、群组等工具与命令为读卡器进行颜色填充，以体现出立体效果，最后使用矩形工具绘制一个背景。如图6-67所示为制作流程图。

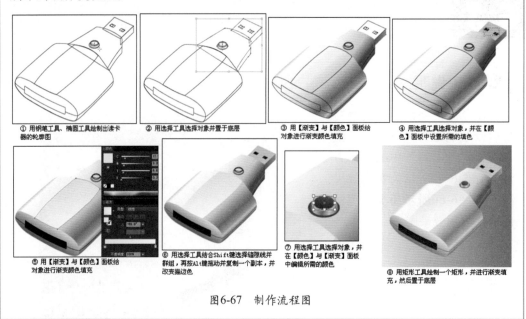

图6-67　制作流程图

操作步骤

01 按【Ctrl + N】键新建一个文档，在工具箱中选择 钢笔工具，接着在画面上勾画出读卡器的外轮廓线，如图6-68所示。

02 使用钢笔工具在画面上勾画出读卡器底面的轮廓线，如图6-69所示。

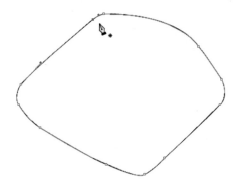

图6-68　使用钢笔工具绘制读卡器的外轮廓

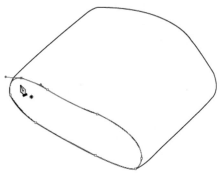

图6-69　绘制读卡器的轮廓图

03 使用钢笔工具在画面上勾画出如图6-70所示的插头轮廓线，使用同样的方法分别勾画出如图6-71所示的插头、表面、侧面的轮廓线。

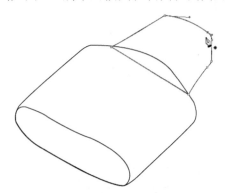

图6-70　绘制读卡器的轮廓图

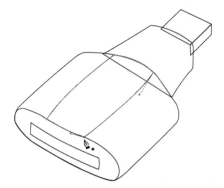

图6-71　绘制读卡器的轮廓图

04 使用钢笔工具在画面上分别勾画出读卡器侧面的缝隙结构线，如图6-72所示；使用同样的方法分别勾画出如图6-73所示的插孔轮廓线。

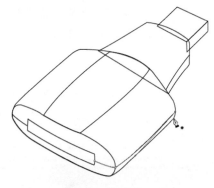

图6-72　绘制缝隙线

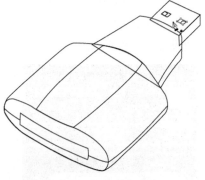

图6-73　绘制插孔

05 在工具箱中选择◯椭圆工具，接着在如图6-74所示的位置拖出一个椭圆表示指示灯，并排放到适当的位置，使用同样的方法，拖出如图6-75所示的椭圆，读卡器的轮廓就绘制完成了。

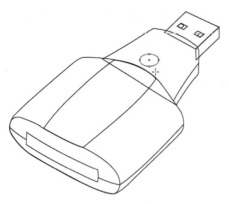

图6-74 绘制指示灯

图6-75 绘制指示灯

06 为了便于绘制轮廓线，在绘制时将一些对象的先后顺序进行了改变，所以应先将这些放到它相应的位置。使用选择工具框选插头，在菜单中执行【对象】→【排列】→【排到最后面】命令，即可得到如图6-76所示的效果；然后框选如图6-77所示的结构，并按【Shift + Ctrl + [】键将其放到最后面。

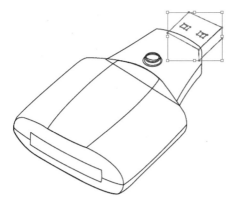

图6-76 选择对象

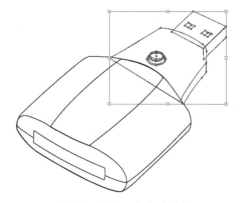

图6-77 改变顺序后的效果

07 在工具箱中选择■渐变工具，按【Ctrl】键选择要进行渐变填充的对象。显示【渐变】面板，在其中编辑所需的渐变，如图6-78所示，为了使渐变对应对象，需要使用鼠标在该对象上进行拖动，得到所需的效果为止，然后在【颜色】面板中设置描边为无，画面效果如图6-79所示。

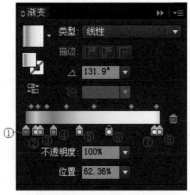

图6-78 【渐变】面板

图6-79 填充渐变颜色后的效果

提 示

　　色标①的颜色为"C：43.53，M：36.47，Y：30.59，K：15.69"；色标②的颜色为"C：18.43，M：15.69，Y：10.98，K：1.57"；色标③的颜色为"C：29.31，M：24.13，Y：17.54，K：5.32"；色标④的颜色为"C：41.18，M：33.33，Y：24.71，K：9.41"；色标⑤的颜色为"C：16.64，M：13.4，Y：10.4，K：3.28"；色标⑥的颜色为"C：7.01，M：5.57，Y：4.77，K：0.87"；色标⑦的颜色为"C：3.53，M：2.75，Y：2.75，K：0"；色标⑧的颜色为"C：18.04，M：14.51，Y：10.59，K：1.18"。

08 使用直接选择工具在画面中单击要渐变填充的对象，再在【渐变】面板中设置所需的渐变，如图6-80所示，画面效果如图6-81所示。

图6-80 【渐变】面板

图6-81 填充渐变颜色后的效果

提 示

　　如果很难在【渐变】面板中设置渐变角度，可以在工具箱中选择■渐变工具，直接在对象上拖动来调整渐变角度。

09 使用直接选择工具在画面中单击插头的侧面，在【渐变】面板中设置左边色标的颜色为"C：40.39，M：36.86，Y：34.12，K：15.29"，右边色标的颜色为"C：29.02，M：28.63，Y：26.67，K：6.67"，如图6-82所示，画面效果如图6-83所示。

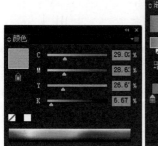

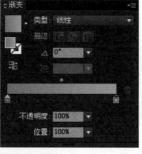

图6-82 编辑渐变颜色

图6-83 填充渐变颜色后的效果

⑩ 使用选择工具在画面中单击插头的正面，在【颜色】面板中设置填色为 "C：17.25，M：18.04，Y：14.9，K：1.96"，画面效果如图6-84所示。

⑪ 在画面的空白处单击取消选择，再按【Shift】键单击两个插孔，以选择它们，然后在【颜色】面板中设置填色为 "C：40，M：61.57，Y：70.98，K：44.71"，如图6-85所示。使用同样的方法再选择两个插孔的侧面，在【颜色】面板中设置填色为 "C：53.73，M：66.27，Y：73.33，K：71.76"，画面效果如图6-86所示。

图6-84　填充颜色后的效果　　　图6-85　选择插孔并填充颜色　　　图6-86　选择对象并填充颜色

⑫ 使用直接选择工具在画面中单击读卡器的底面，然后在【渐变】面板中设置左边色标的颜色为 "C：41.96，M：37.65，Y：32.94，K：16.47"，右边色标的颜色为 "C：12.16，M：10.2，Y：7.45，K：0.39"，【角度】为58.2°，如图6-87所示，画面效果如图6-88所示。

⑬ 在画面中单击底面表示插口的对象，然后在【渐变】面板中设置左边色标的颜色为黑色，右边色标的颜色为 "C：43.14，M：69.8，Y：94.12，K：56.47"，【角度】为 − 115°，画面效果如图6-89所示。

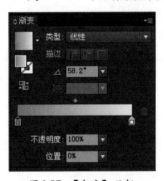

图6-87　【渐变】面板　　　图6-88　填充渐变颜色后的效果　　　图6-89　填充渐变颜色后的效果

⑭ 在画面中单击表示凹面的对象，然后在【渐变】面板中设置左边色标的颜色为 "C：12.94，M：9.02，Y：6.67，K：0.39"，右边色标的颜色为 "C：3.53，M：2.75，Y：2.75，K：0"，【角度】为 − 69.8°，画面效果如图6-90所示。

⑮ 在空白处单击取消选择，再单击选择工具并按【Shift】键在画面中依次单击读卡器上的缝隙线，以将它们全部选择，如图6-91所示，然后按【Ctrl＋G】键将它们群组。

⑯ 按【Alt】键将它们向下拖到适当位置进行复制，然后在【颜色】面板中设置描边为 "K：27.4"，取消选择后的画面效果如图6-92所示。

⑰ 使用选择工具在画面中单击指示灯处的一个椭圆，在【颜色】面板中设置填色为 "K：64.3"，描边为无，即可得到如图6-93所示的效果。再单击另一个椭圆，在【颜

色】面板中设置填色为"C：23.14，M：15.29，Y：12.55，K：1.96"，描边为无，画面效果如图6-94所示。

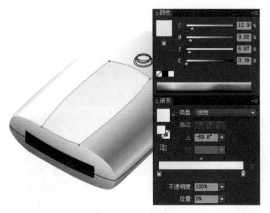

图6-90　渐变填充

图6-91　选择缝隙线

图6-92　拖动并复制缝隙线

图6-93　选择对象并填充颜色

图6-94　选择对象并填充颜色

⑱ 在画面中单击表示指示灯侧面的图形，然后在【渐变】面板中设置渐变，如图6-95所示，画面效果如图6-96所示。

图6-95　【渐变】面板

图6-96　渐变填充后的效果

提 示

色标①的颜色为"C：43.53，M：36.47，Y：30.59，K：15.69"；色标②的颜色为"C：18.43，M：15.69，Y：10.98，K：1.57"；色标③的颜色为"C：41.18，M：33.33，Y：24.71，K：9.41"；色标④的颜色为"C：16.64，M：13.4，Y：10.4，K：3.28"；色标⑤的颜色为"C：38.43，M：28.63，Y：27.45，K：10.2"。

⑲ 在画面中单击表示指示灯的椭圆，在【渐变】面板中设置左边色标的颜色为"C：58.43，M：44.71，Y：44.31，K：38.43"，右边色标的颜色为"C：43.53，M：37.25，Y：33.33，K：17.65"，【角度】为78°，画面效果如图6-97所示。

⑳ 在工具箱中选择■矩形工具，在画面上拖出一个矩形将读卡器框住，在【渐变】面板中设置左边色标颜色为"C：4.31，M：5.88，Y：35.69，K：0"，右边色标的颜色为"C：20，M：55.69，Y：93.33，K：6.67"，【角度】为0°，再按【Ctrl】+【Shift】+ "["键将它放到最后面，得到如图6-98所示的效果。读卡器就制作完成了。

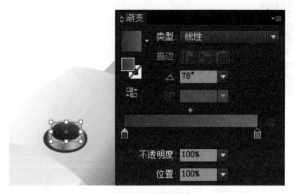

图6-97 渐变填充

图6-98 用矩形工具绘制背景

6.4 手机

实例说明

在产品模型设计、实物写生、绘制电器和一些三维物体时，可以使用制作范例"手机"中的方法。如图6-99所示为实例效果图，如图6-100所示为类似范例的实际应用效果图。

图6-99 手机最终效果图

图6-100 精彩效果欣赏

🕐 设计思路

　　首先新建一个文档，再使用渐变工具、直接选择工具、转换锚点工具、选择工具、【对称】、椭圆工具、【变换】面板、拖动并复制、圆角矩形工具、文字工具等工具与命令绘制出手机的结构图；然后使用选择工具、网格工具、【颜色】面板、群组、椭圆工具等工具与命令给手机进行颜色填充，以体现出立体效果；最后使用文字工具、钢笔工具、椭圆工具、选择工具、【置于顶层】、【置入】、【建立剪切蒙版】、圆角矩形工具等工具为手机添加相关文字与符号以及屏幕。如图6-101所示为制作流程图。

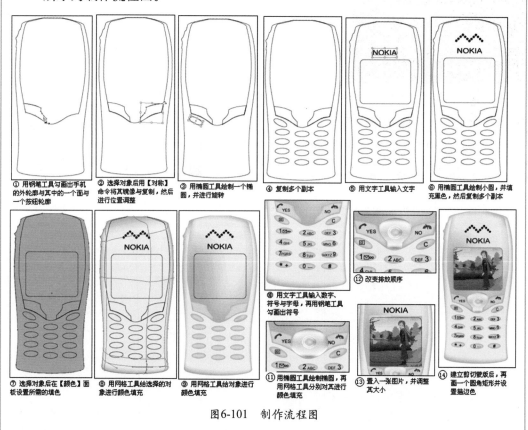

① 用钢笔工具勾画出手机的外轮廓与其中的一个面与一个按钮轮廓

② 选择对象后用【对称】命令将其镜像与复制，然后进行位置调整

③ 用椭圆工具绘制一个椭圆，并进行旋转

④ 复制多个副本

⑤ 用文字工具输入文字

⑥ 用椭圆工具绘制小圆，并填充黑色，然后复制多个副本

⑦ 选择对象后在【颜色】面板设置所需的填充

⑧ 用网格工具给选择的对象进行颜色填充

⑨ 用网格工具给对象进行颜色填充

⑩ 用文字工具输入数字、符号与字母，再用钢笔工具勾画出符号

⑪ 用椭圆工具绘制椭圆，再用网格工具分别对其进行颜色填充

⑫ 改变排放顺序

⑬ 置入一张图片，并调整其大小

⑭ 建立剪切蒙版后，再画一个圆角矩形并设置描边色

图6-101　制作流程图

🕐 操作步骤

01 按【Ctrl + N】键新建一个文档，从工具箱中选择▢矩形工具，在【颜色】面板中设置描边为黑色，填色为无。在画面上单击弹出【矩形】对话框，在其中设置【宽度】为82mm，【高度】为170mm，如图6-102所示，单击【确定】按钮，即可得到如图6-103所示的矩形。

02 从工具箱中选择✍钢笔工具，在矩形的上边单击两次添加两个锚点，如图6-104所示。

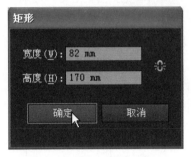

图6-102 【矩形】对话框　　　　图6-103　绘制好的矩形　　　　图6-104　使用钢笔工具添加锚点

③ 从工具箱中选择 ▣ 直接选择工具，在路径上选择刚添加的左边锚点并向上拖动到适当位置，再将刚添加的右边的锚点向上拖动到适当位置，如图6-105所示。

④ 将右上角的锚点拖到适当位置，再在工具箱中选择 ▣ 转换锚点工具，将控制点调到如图6-106所示的位置。使用直接选择工具将左上角的锚点拖到适当位置，再使用转换锚点工具将路径调为如图6-107所示的形状。

图6-105　使用直接选择工具　　　　图6-106　使用转换锚点工具　　　　图6-107　使用转换锚点工具
　　　　　编辑形状　　　　　　　　　　　　调整形状　　　　　　　　　　　　调整形状

⑤ 使用同样的方法对手机的外轮廓结构图进行调整，调整好后的效果如图6-108所示。

⑥ 使用钢笔工具勾画出如图6-109所示的形状。如果一次勾画不好，可以结合使用直接选择工具、转换锚点工具调整形状。

⑦ 使用钢笔工具勾画出表示拨号按钮的形状，如图6-110所示。

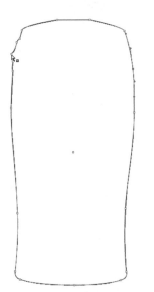
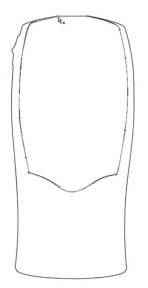

图6-108　调整好的外轮廓　　图6-109　使用钢笔工具绘制手机结构图　　图6-110　绘制按钮

08 从工具箱中选择 选择工具，在所选的图形上右击，弹出如图6-111所示的快捷菜单，在其中选择【变换】→【对称】命令，接着弹出【镜像】对话框，在其中设置【轴】为垂直，【角度】为90°，如图6-112所示。

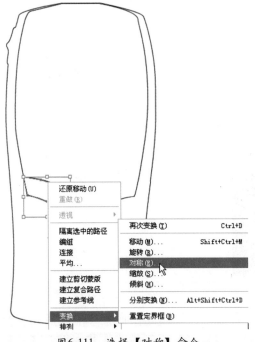

图6-111　选择【对称】命令　　　　　　图6-112　【镜像】对话框

09 在【镜像】对话框中单击【复制】按钮，得到一个复制的图形，如图6-113所示，将它向右拖动到如图6-114所示的位置，与相应的线对齐，如果对不齐，可以将它进行适当的旋转。

10 从工具箱中选择 椭圆工具，在如图6-115所示的位置画一个适当大小的椭圆。

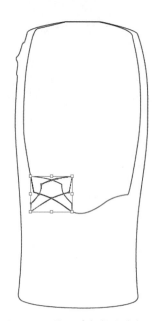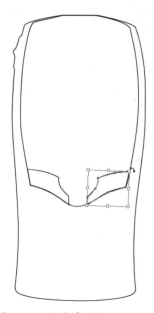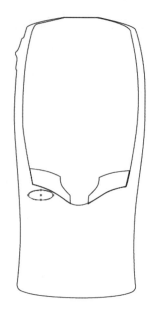

图6-113 镜像并复制的对象　　　图6-114 移动并旋转后的效果　　　图6-115 使用椭圆工具绘制

表示按键的椭圆

⑪ 在【变换】面板中设置旋转角度为-25，如图6-116所示，得到如图6-117所示的效果。

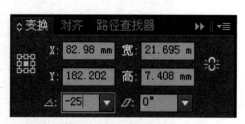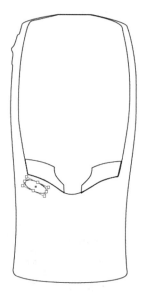

图6-116 【变换】面板　　　　　　　图6-117 旋转后的效果

⑫ 从工具箱中选择  选择工具，在图形上右击，在弹出的快捷菜单中选择【变换】→
【对称】命令，如图6-118所示，接着弹出【镜像】对话框，在其中设置【轴】为垂
直，【角度】为90°，如图6-119所示，单击【复制】按钮，可得到一个复制的图形，
将它向右拖动到如图6-120所示的位置，并与相应的线对齐，如果对不齐，可以将它进
行适当的旋转。

⑬ 按【Alt】键将椭圆向下拖到适当的位置，如图6-121所示，松开鼠标左键就可复制一
个椭圆，如图6-122所示。

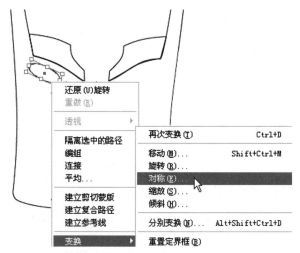

图6-118 选择【对称】命令 图6-119 【镜像】对话框

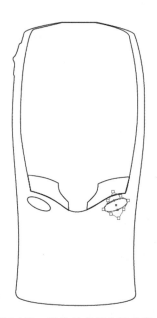

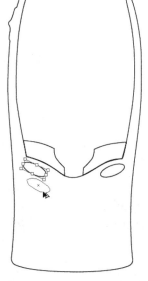

图6-120 镜像并复制后的效果 图6-121 拖动对象时的状态 图6-122 复制后的效果

⑭ 在【变换】面板中设置旋转角度为
25°，得到如图6-123所示的椭圆。

⑮ 按【Alt】键同样对椭圆进行复制，
如图6-124所示，直到得到如图6-125
所示的效果为止，手机按钮的基本
结构就制作完成了。

⑯ 从工具箱中选择■圆角矩形工具，
在画面上画一个如图6-126所示的圆
角矩形，用来表示手机屏幕。

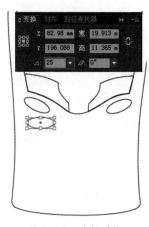

图6-123 旋转对象

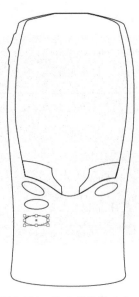  

图6-124　拖动并复制对象　　　图6-125　拖动并复制对象　　　图6-126　使用圆角矩形工具

绘制圆角矩形

⑰ 从工具箱中选择 T 文字工具，在画面上单击并输入"NOKIA"，位置和大小如图6-127所示。

⑱ 在工具箱中选择 ⬭ 椭圆工具，使用前面制作按钮基本结构图的方法制作出手机的出音筒，如图6-128所示，手机的轮廓就制作完成了。

⑲ 使用选择工具选取外轮廓线并填充所需的颜色，如图6-129所示。

  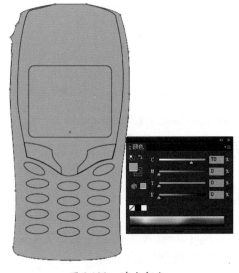

图6-127　使用文字工具　　　图6-128　用椭圆工具绘制　　　图6-129　填充颜色

输入文字　　　　　　　　　表示出音筒

⑳ 从工具箱中选择 网格工具，在画面上单击添加一个网格点（锚点），如图6-130所示，在【颜色】面板中设置该锚点的颜色，效果和面板如图6-131所示。

㉑ 在刚添加网格线的水平线的左右两边上分别单击以添加两个锚点，效果如图6-132所示。再在画面上不同的地方单击三次，添加三个锚点，效果如图6-133所示。

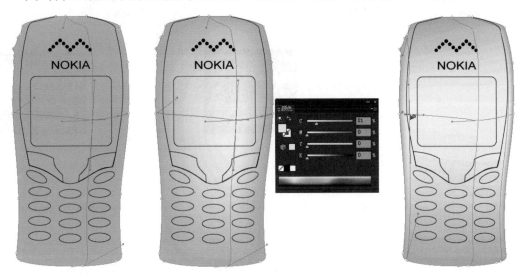

图6-130　使用网格工具 　　　图6-131　填充颜色 　　　　　图6-132　添加锚点

　　　　　添加网格点

㉒ 从【颜色】面板中选择并拖动填色到相应的锚点上，如图6-134所示，松开鼠标左键，就可给锚点添加当前的填充颜色了，如图6-135所示。

图6-133　添加锚点 　　　　　图6-134　拖动颜色到锚点上 　　　　图6-135　填充颜色后的效果

㉓ 使用同样的方法对其他几个锚点也添加当前填色，得到如图6-136所示的效果。

㉔ 使用选择工具选取如图6-137左所示的路径，在【颜色】面板中设置所需的填色，如图6-137右所示。

㉕ 从工具箱中选择▦网格工具，在画面上单击添加一个锚点，在【颜色】面板中设置该点的填充颜色，效果和【颜色】面板如图6-138所示。

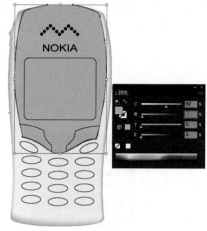

图6-136 填充颜色　　　　　　　图6-137 选择并填充颜色　　　　　图6-138 使用网格工具添加锚点

　　后的效果

㉖ 在不同地方分别单击，再添加两个锚点，并对锚点填充相应的颜色，得到如图6-139所示的效果。

㉗ 使用选择工具选取其中一个按钮，并在【颜色】面板中设置填色为"C：72，M：0，Y：0，K：0"，得到如图6-140所示的效果。

图6-139 添加锚点并填充颜色　　　　　　图6-140 选择对象并填充颜色

㉘ 使用网格工具在画面上单击添加一个锚点，在【颜色】面板中设置该点的填色为"C：35，M：0，Y：0，K：0"，画面效果如图6-141所示。先将画面放大，再在按钮上添加几个锚点，并对相应的锚点填充这种颜色，得到如图6-142所示的效果。

㉙ 按【Shift】键选择其他还没填充颜色的按钮，在【颜色】面板中设置填色为"C：72，M：0，Y：0，K：0"，得到如图6-143所示的效果。

㉚ 使用上面制作按钮的方法，对其他按钮进行渐变填充，填充好渐变颜色后的效果如图6-144所示。

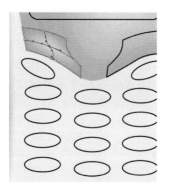

图6-141　添加锚点并填充颜色

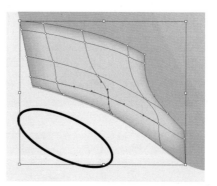

图6-142　添加锚点并填充颜色

图6-143　选择对象并填充颜色

图6-144　填充好渐变颜色后的效果

提　示

可以先单独制作一个按钮，然后对它进行复制，并排放到适当的位置。

㉛ 使用文字工具在按钮上单击并输入"1"数字，选择数字后在【字符】面板中设置所需的字体和字体大小，按【Ctrl】键在文字上单击确认文字输入，结果如图6-145所示。再在其他的按钮上单击输入相应的数字，排放到适当位置上，如图6-146所示。

图6-145　输入数字

图6-146　输入数字

32 在相应的按钮上输入字母和符号，然后使用钢笔工具勾画出所需的图形，效果如图6-147所示。

33 使用椭圆工具在画面上画一个椭圆并填充相应的颜色，再使用网格工具添加锚点并对锚点添加颜色，效果如图6-148所示。使用同样的方法再绘制两个小椭圆并添加颜色，效果如图6-149所示。

图6-147　输入字母和符号

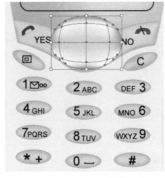
图6-148　绘制椭圆并填充颜色

图6-149　绘制椭圆并填充颜色

34 在工具箱中单击选择工具，按【Shift】键选择如图6-150所示的按钮，在按钮上右击，在弹出快捷菜单中选择【排列】→【置于顶层】命令，得到如图6-151所示的效果。

图6-150　选择【置于顶层】命令

图6-151　改变排列顺序后的效果

35 在菜单中执行【文件】→【置入】命令，在弹出的对话框中选择需要的图片，将它置入到画面，如图6-152所示。

36 在画面上选择圆角矩形，将它调整到画面的顶层，按【Shift】键将图片缩小到适当的大小，如图6-153所示。

37 按【Shift】键并使用选择工具选取圆角矩形和置入的图片，在其上右击弹出如图6-154所示的快捷菜单，在其中选择【建立剪切蒙版】命令，得到如图6-155所示的效果。

图6-152　置入的图片

图6-153　调整后的效果

图6-154　选择【建立剪切蒙版】命令

图6-155　创建剪切蒙版后的效果

38 在工具箱中选择■圆角矩形工具，沿着置入图片的边缘框一个圆角矩形，在【颜色】
面板中设置描边为"C：18，M：18，Y：18，K：18"，在控制栏中设置【描边】为
2pt，得到如图6-156所示的效果。

39 对整个画面进行调整与修改，效果如图6-157所示。

图6-156　使用圆角矩形工具绘制圆角矩形

图6-157　绘制好的最终效果图

6.5　收音机

实例说明

在产品模型设计、实物写生、绘制电器以及一些三维物体时，可以使用制作范例

"收音机"中的方法。如图6-158所示为实例效果图，如图6-159所示为类似范例的实际应用效果图。

图6-158　收音机最终效果图

图6-159　精彩效果欣赏

设计思路

　　首先新建一个文档，再使用钢笔工具、椭圆工具、选择工具、比例缩放工具、【对称】等工具与命令绘制出收音机的结构图；然后使用选择工具、【渐变】面板、【颜色】面板等工具与命令为收音机进行颜色填充，以体现出立体效果，最后使用矩形工具、拖动并复制、钢笔工具、复制、粘贴、直接选择工具、【后移一层】、比例缩放工具、【渐变】面板、矩形网格工具、【用网格建立】、网格工具、文字工具等工具与命令为收音机添加配件与增强立体效果。如图6-160所示为制作流程图。

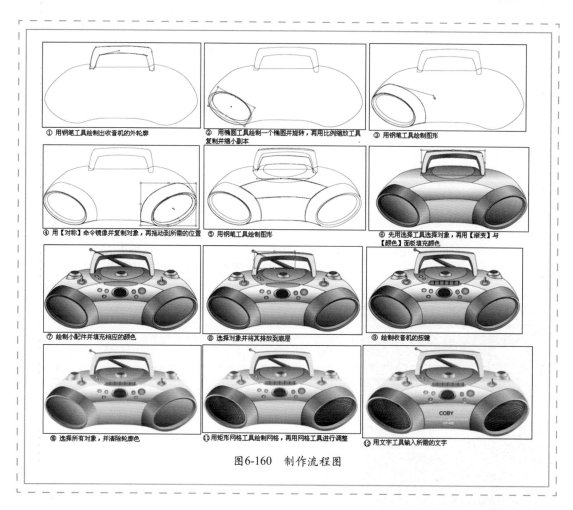

① 用钢笔工具绘制出收音机的外轮廓

② 用椭圆工具绘制一个椭圆并旋转，再用比例缩放工具复制并缩小副本

③ 用钢笔工具绘制图形

④ 用【对称】命令镜像并复制对象，再拖动到所需的位置

⑤ 用钢笔工具绘制图形

⑥ 先用选择工具选择对象，再用【渐变】与【颜色】面板填充颜色

⑦ 绘制小配件并填充相应的颜色

⑧ 选择对象并将其排放到底层

⑨ 绘制收音机的按键

⑩ 选择所有对象，并清除轮廓色

⑪ 用矩形网格工具绘制网格，再用网格工具进行调整

⑫ 用文字工具输入所需的文字

图6-160　制作流程图

操作步骤

（1）收音机的结构

01 按【Ctrl＋N】键新建一个文档，在控制栏中设置【描边】为0.5pt，从工具箱中选择 🖊 钢笔工具，在画面上勾画出如图6-161所示的封闭路径，用来表示收音机的外轮廓。

02 使用钢笔工具勾画出收音机的手提把，并使用直接选择工具和转换锚点工具对路径进行适当调整，结果如图6-162所示。

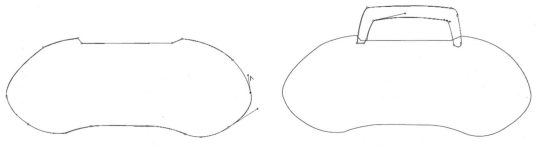

图6-161　使用钢笔工具绘制收音机的外轮廓

图6-162　绘制收音机的手提把

03 从工具箱中选择 ⬭ 椭圆工具，在画面的左边画一个如图6-163所示的椭圆。

04 在工具箱中选择 ▣ 选择工具，将指针移到左上角，当控制点成 ↖ 状时，按下左键对椭圆进行旋转，旋转到如图6-164所示的位置时松开左键。要使它与收音机的外型边线对齐。

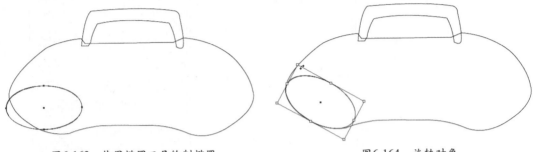

图6-163　使用椭圆工具绘制椭圆　　　　　图6-164　旋转对象

05 在工具箱中双击 ▣ 比例缩放工具，弹出如图6-165所示的【比例缩放】对话框，在其中设置【等比】为"85%"，单击【复制】按钮，得到如图6-166所示的椭圆。

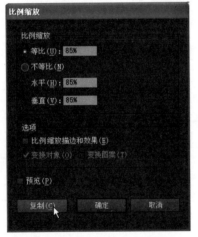

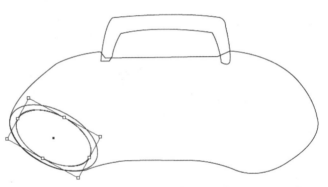

图6-165　【比例缩放】对话框　　　　　图6-166　复制并缩小副本

06 将指针移到上边中间的控制点上，当指针变为 ↕ 状时，按下左键向上拖到与大椭圆边对齐，如图6-167所示。使用同样的方法再复制一个椭圆并与大椭圆的上边对齐，如图6-168所示。

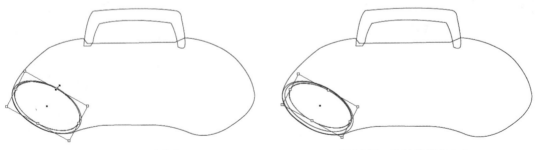

图6-167　调整对象大小　　　　　图6-168　复制并调整大小

07 使用钢笔工具在画面中勾画出如图6-169所示的封闭路径。

08 使用选择工具选取左下角的图形，再右击椭圆，在弹出的快捷菜单中选择【变换】→【对称】命令，弹出如图6-170所示的【镜像】对话框，在其中选择【垂直】单选框，

单击【复制】按钮，再将复制后的图形移到右边与收音机的外形轮廓对齐，如图6-171
所示。

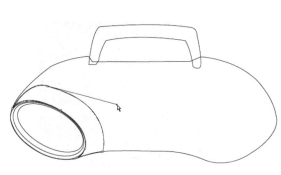

图6-169　绘制图形　　　　　　　　　　　图6-170　【镜像】对话框

09 使用钢笔工具在画面中勾画出如图6-172所示的封闭路径。

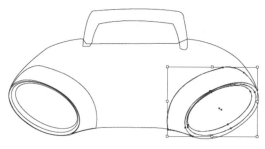

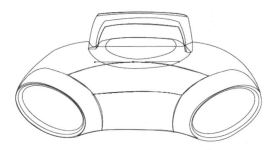

图6-171　镜像并复制对象　　　　　　　　　图6-172　绘制图形

（2）给收音机上色

10 使用选择工具选择外形，显示【渐变】面板，在其中进行渐变编辑，参数设置如图6-173
所示，得到如图6-174所示的渐变。

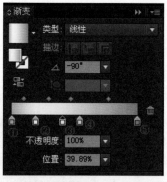

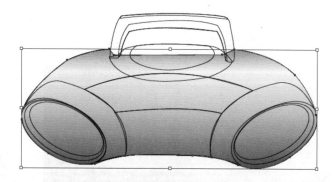

图6-173　【渐变】面板　　　　　　　　　图6-174　渐变填充后的效果

提　示

色标①的颜色为"K：36.4"；色标②的颜色为"K：5.88"；色标③的颜色为"K：
10.9"；色标④的颜色为"K：21.9"；色标⑤的颜色为"K：52.5"。

⑪ 使用选择工具在画面中选择要进行渐变填充的图形，在【渐变】面板中设置所需的渐变，如图6-175所示。

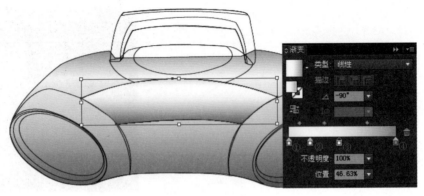

图6-175　渐变填充

> **提 示**
>
> 色标①的颜色为"K：15"；色标②的颜色为"K：0"；色标③的颜色为"K：8.23"；色标④的颜色为"K：52.55"。

⑫ 使用选择工具在画面中选择要进行渐变填充的图形，在【渐变】面板中设置所需的渐变，如图6-176所示。

> **提 示**
>
> 色标①的颜色为"K：52.55"；色标②的颜色为"K：36.77"；色标③的颜色为"K：21.96"；色标④的颜色为"K：13.73"；色标⑤的颜色为"K：23.92"。

⑬ 使用选择工具在画面中选择要进行渐变填充的图形，在【渐变】面板中设置所需的渐变，左边色标的颜色为"K：69.8"，右边色标的颜色为"K：24.31"，如图6-177所示。

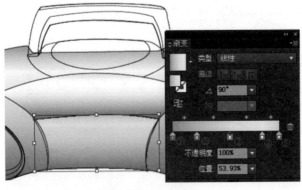

图6-176　渐变填充

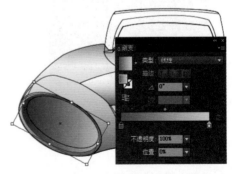

图6-177　渐变填充

⑭ 使用选择工具在画面中选择要进行渐变填充的图形，在【渐变】面板中设置所需的渐变，左边色标的颜色为"K：69.8"，右边色标的颜色为"K：24.31"，如图6-178所示。

15 使用选择工具在画面中选择要进行渐变填充的图形，在【渐变】面板中设置所需的渐变，如图6-179所示。

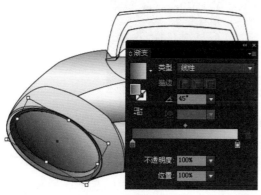

图6-178　渐变填充

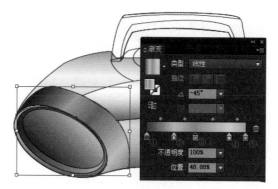

图6-179　渐变填充

提 示

色标①的颜色为"K：75.29"；色标②的颜色为"K：32.38"；色标③的颜色为"K：49.02"；色标④的颜色为"K：23.11"；色标⑤的颜色为"K：42.35"。

16 使用左边图形的渐变对右边的图形进行渐变填充，在渐变时要注意渐变的角度，结果如图6-180所示。

17 使用选择工具在画面中选择要进行渐变填充的图形，在【渐变】面板中设置所需的渐变，左边色标的颜色为"K：69.8"，右边色标的颜色为"K：24.31"，如图6-181所示。

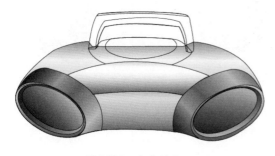

图6-180　渐变填充

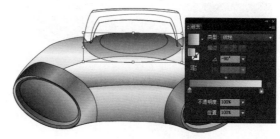

图6-181　渐变填充

18 使用选择工具选择要渐变填充的图形，在【渐变】面板中设置左边色标颜色为"K：51.76"，右边色标颜色为"K：20.78"，得到如图6-182所示的效果。

19 使用选择工具选择表示"收音机手提把"的底面的图形，在【渐变】面板中设置所需的渐变，如图6-183所示。

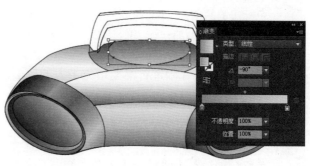

图6-182　渐变填充

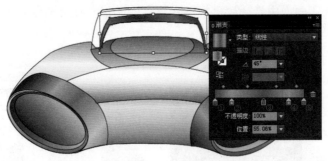

图6-183　渐变填充

> **提 示**
>
> 　　色标①的颜色为"K：69.8"；色标②的颜色为"K：45.88"；色标③的颜色为
> "K：67.45"；色标④的颜色为"K：47.84"；色标⑤的颜色为"K：65.1"。

20 使用选择工具分别选择"手提把"的侧面和顶面，在【颜色】面板中设置分别填充颜色为"K：9.41"和"K：34.39"，得到如图6-184所示的效果。

21 使用钢笔工具和椭圆工具分别勾画出如图6-185所示形状，可以使用直接选择工具和转换锚点工具对没有绘制好的形状进行调整。

图6-184　填充颜色后的效果

图6-185　使用钢笔工具与椭圆工具绘制各小结构图

22 按住【Shift】键并使用选择工具在画面中选择要进行相同渐变颜色填充的图形，在【渐变】面板中设置所需的渐变，如图6-186所示。

> **提 示**
>
> 　　色标①的颜色为"K：30.2"；色标②的颜色为"K：6.27"；色标③的颜色为"K：
> 40.39"；色标④的颜色为"K：8.24"；色标⑤的颜色为"K：42.35"。

23 使用选择工具选择刚进行渐变填充上方的图形，在【渐变】面板中进行渐变编辑，如图6-187所示。

> **提 示**
>
> 　　色标①的颜色为"K：57.25"；色标②的颜色为"K：32.55"；色标③的颜色为
> "K：64.31"；色标④的颜色为"K：29.02"；色标⑤的颜色为"K：56.08"。

图6-186 渐变填充

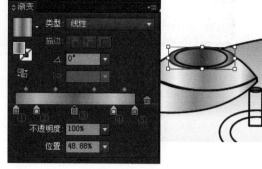

图6-187 渐变填充

㉔ 使用选择工具选择刚渐变填充图形中的小椭圆，在【颜色】面板中设置填色为"K：60.78"，画面效果如图6-188所示。

㉕ 使用同样的方法对其他图形进行颜色填充，填充好颜色后的画面效果如图6-189所示。

图6-188 填充颜色

图6-189 填充好颜色后的效果

㉖ 按【Shift】键选取天线，再按【Ctrl + Shift + [】键将它排放到最底层，结果如图6-190所示。

㉗ 从工具箱中选择■矩形工具，在画面的空白处画一个矩形，在【颜色】面板中设置填色为"K：42.35"，画面效果如图6-191所示。

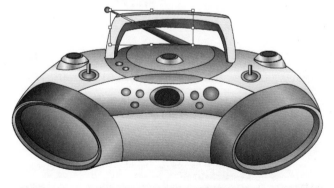

图6-190 改变顺序后的效果

㉘ 使用矩形工具在矩形上边画一个矩形，填充颜色为"K：31.37"，在工具箱中选择▶直接选择工具，将其控制点调为如图6-192所示的结果。同样再画一个矩形并填充颜色为"K：59.22"，使用直接选择工具将其控制点调为如图6-193所示的结果，制作一个立方体用来表示收音机的按钮。

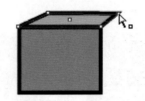
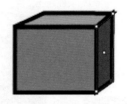

图6-191　绘制矩形并填充颜色　　　图6-192　绘制矩形并调整形状　　　图6-193　绘制矩形并调整形状

㉙ 使用选择工具选择整个立方体，在图形上按下左键向右拖动，到适当的位置时按下【Alt＋Shift】键进行复制，松开左键即可得到一个立方体，如图6-194所示。使用同样的方法复制立方体，结果如图6-195所示，用来表示收音机的按键。

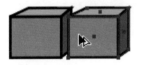
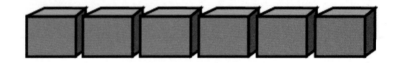

图6-194　拖动并复制对象　　　　　　　　　图6-195　拖动并复制对象

㉚ 使用选择工具选取已做好的立方体组，将它缩小并排到如图6-196所示的位置。

㉛ 使用选择工具选择整个收音机，在【颜色】面板中设置描边为无，得到如图6-197所示的效果。

图6-196　将按键拖动并复制到所需的位置　　　图6-197　选择对象并清除轮廓色

㉜ 使用钢笔工具在图6-198所示的位置勾画一个曲线，在【颜色】面板中设置描边为深灰色，在【描边】面板中设置【粗细】为0.5pt。同样在其他几个面的相交处勾画出如图6-199所示曲线。

图6-198　绘制曲线　　　　　　　　　　图6-199　绘制曲线

㉝ 使用选择工具选择如图6-200所示的对象，按【Ctrl＋C】键进行复制，再按【Ctrl＋

V】键进行粘贴，并将复制的对象移动到适当位置，如图6-201所示。

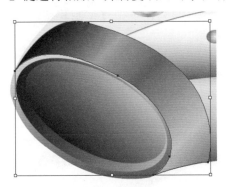

图6-200　选择对象

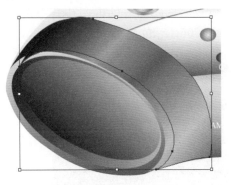

图6-201　复制并粘贴对象

34 从工具箱中选择 直接选择工具，在路径上单击，然后对路径上需要调整的锚点进行调整。调整好后在【渐变】面板中设置所需的渐变，如图6-202所示。

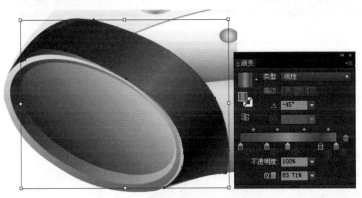

图6-202　渐变填充

> **提示**
>
> 色标①的颜色为"K：75.29"；色标②的颜色为"K：65.49"；色标③的颜色为"K：49.02"；色标④的颜色为"K：78.43"；色标⑤的颜色为"K：60.78"。

35 按【Ctrl＋[】键执行【后移一层】命令向下排放，即可得到如图6-203所示的结果。使用同样的方法对右边相应的图形也进行复制并进行调整，结果如图6-204所示。

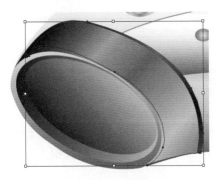

图6-203　后移一层后的效果

图6-204　将左边的图形复制到右边并适当调整

36 使用选择工具选择"手提把"下面的对象,在工具箱双击■比例缩放工具,弹出如图6-205所示的对话框,在其中设置【等比】为104%,单击【复制】按钮,得到如图6-206所示的结果。

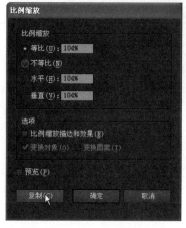

图6-205 【比例缩放】对话框

图6-206 复制并放大对象

37 在【渐变】面板中设置所需的渐变,将其渐变颜色进行更改,如图6-207所示,再在键盘上按【Ctrl + [】键后移一层,然后在空白处单击以取消选择,得到如图6-208所示的效果。

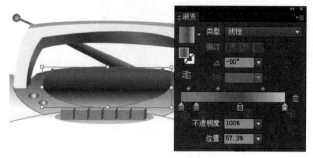

图6-207 渐变填充

图6-208 后移一层后的效果

> **提 示**
>
> 色标①的颜色为"K:57.25";色标②的颜色为"K:54.96";色标③的颜色为"K:73.33";色标④的颜色为"K:28.63"。

38 从工具箱中选择■矩形网格工具,在画面中适当的位置单击,弹出如图6-209所示的对话框,在其中设置水平分隔线的【数量】为20,垂直分隔线的【数量】为20,单击【确定】按钮,得到如图6-210所示的矩形网格,在【颜色】面板中设置填充颜色为无。

39 在菜单中执行【对象】→【封套扭曲】→【用网格建立】命令,弹出如图6-211所示的对话框,并在其中设置【行数】和【列数】均为2,单击【确定】按钮,结果如图6-212所示。

图6-209 【矩形网格工具选项】对话框

图6-210 绘制好的网格

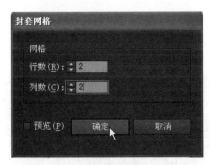

图6-211 【封套网格】对话框

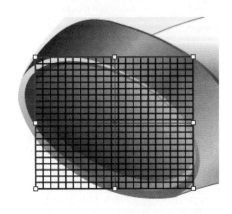

图6-212 添加封套后的结果

⑩ 在工具箱中选择 网格工具，单击左上角的控制点并拖到如图6-213所示的位置，继续对各个控制点进行调整，结果如图6-214所示。

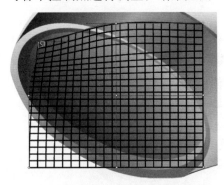

图6-213 使用网格工具调整网格形状

图6-214 调整网格形状

㊶ 复制做好的网格到右边适当位置，效果如图6-215所示。

㊷ 从工具箱中选择 文字工具，在机身上分别单击并输入相应的文字，选择文字并在【字符】面板中设置所需的字体和字体大小，在【颜色】面板中设置所需的填充颜

色，按【Ctrl】键在空白处单击确认文字输入，文字的位置和颜色如图6-216所示。收音机就绘制完成了。

图6-215　复制并调整网格

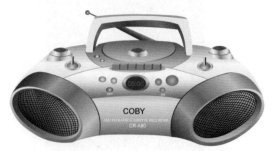

图6-216　使用文字工具输入相应的文字

6.6　手表

🕐 实例说明

在产品模型设计、实物写生以及绘制电器、钟表和一些三维物体时，可以使用制作本实例"手表"中的方法。如图6-217所示为实例效果图，如图6-218所示为类似范例的实际应用效果。

图6-217　手表最终效果图

图6-218　精彩效果欣赏

设计思路

首先新建一个文档，再使用椭圆工具、【渐变】面板、比例缩放工具、【颜色】面板、选择工具、标尺栏、矩形工具、旋转工具、【信息】面板、再制、直线段工具、椭圆工具、多边形工具、【变换】面板、钢笔工具、文字工具、拖动并复制、【置于底层】、【分割】、直接选择工具、清除、【创建新图层】、镜像工具、铅笔工具等工具与命令绘制出手表的主体部分；然后使用钢笔工具、椭圆工具、【渐变】和【颜色】面板、镜像工具等工具与命令绘制手表的表带。如图6-219所示为制作流程图。

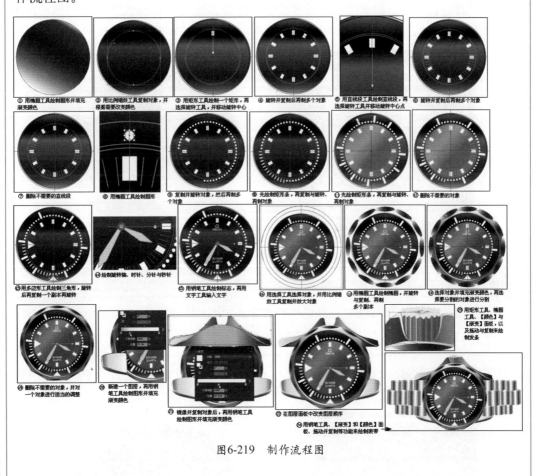

图6-219　制作流程图

操作步骤

01 按【Ctrl + N】键新建一个横向的文档，在控制栏中设置描边粗细为0.5pt。从工具箱中选择 椭圆工具，在画面上单击弹出如图6-220所示的对话框，在其中设置【宽度】为125mm，【高度】为125mm，单击【确定】按钮，得到如图6-221所示的圆形。

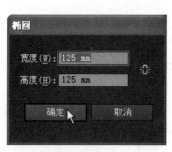

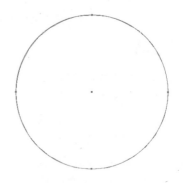

图6-220 【椭圆】对话框   图6-221 绘制好的圆形

02 显示【渐变】面板，在其中进行渐变编辑，渐变参数设置如图6-222所示，然后在工具箱中选择■渐变工具，在画面中拖动以调整渐变颜色，得到如图6-223所示的渐变。

图6-222 【渐变】面板   图6-223 填充渐变颜色后的效果

提示

色标①的颜色为"K：0"，色标②的颜色为"K：75.69"，色标③的颜色为"K：63.14"，色标④的颜色为"K：23.14"。

03 在工具箱中双击■比例缩放工具，弹出如图6-224所示的对话框，在其中设置【等比】为97%，单击【复制】按钮，得到如图6-225所示的结果。

图6-224 【比例缩放】对话框   图6-225 复制并缩小后的效果

04 在【渐变】面板中设置所需的渐变，如图6-226所示，得到如图6-227所示的渐变。

图6-226 【渐变】面板

图6-227 填充渐变颜色后的效果

提 示

色标①的颜色为"K：46"，色标②的颜色为"K：65.73"，色标③的颜色为"K：82.65"，色标④的颜色为"K：61.03"，色标⑤的颜色为"K：100"，色标⑥的颜色为"K：61.33"。

05 在工具箱中双击█比例缩放工具，在弹出【比例缩放】的对话框中设置为【等比】为76%，单击【复制】按钮，得到如图6-228所示的效果。

06 在【颜色】面板中设置填色为无，描边为"K：45"，如图6-229所示，按住【Ctrl】键在空白处单击取消选择，画面效果如图6-230所示。

图6-228 复制并缩小对象

图6-229 【颜色】面板

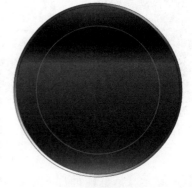

图6-230 设置描边色后的效果

07 在工具箱中单击█选择工具，选择灰色轮廓线的圆，然后在工具箱中双击█比例缩放工具，在弹出的【比例缩放】对话框中设置【等比】为97%，单击【复制】按钮，即可得到如图6-231所示的效果。

08 按【Ctrl + R】键，显示标尺栏，并分别从标尺栏中拖出两条参考线来确定圆的中心，如图6-232所示。

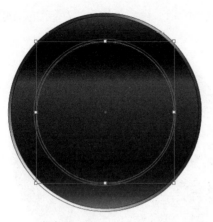

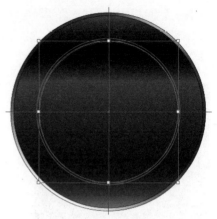

图6-231　复制并缩小对象　　　　　　　　图6-232　创建参考线

提　示

　　从水平标尺栏中拖动的辅助线要穿过选框垂直边中间的控制点的中心，从垂直标尺栏中拖动的辅助线要穿过选框水平边中间的控制点的中心。

09 从工具箱中选择 ■ 矩形工具，在垂直辅助线上并且在椭圆框的稍下方一点画一个矩形，使垂直辅助线平分矩形，在【颜色】面板中设置填色为白色，描边为无，效果如图6-233所示。

10 在工具箱中选择 ■ 旋转工具，显示旋转中心点，如图6-234所示，再将旋转中心点拖动到辅助线上的交叉点上，如图6-235所示。

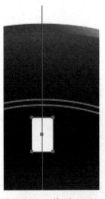

图6-233　使用矩形
工具绘制矩形

图6-234　选择旋转工具时的状态

图6-235　改变旋转中心点位置

11 显示【信息】面板，按【Alt】键拖动矩形向左旋转，当【信息】面板中显示旋转角度到30度时，如图6-236所示，松开左键即可复制一个副本，结果如图6-237所示。

12 按【Ctrl + D】键再制一个副本，并同时旋转了30°，结果如图6-238所示。使用同样的方法再按【Ctrl + D】键9次再制9个副本，结果如图6-239所示。

图6-236　【信息】面板

图6-237　复制并旋转对象　　　　图6-238　再制对象　　　　图6-239　再制对象

⓭ 从工具箱中选择 ▱ 直线段工具，在画面最上方的矩形中画一条如图6-240所示的线段，并在【颜色】面板中设置描边为 ▰▰▰▰ 30 %。

⓮ 在工具箱中选择 ◔ 旋转工具，显示旋转中心点，如图6-241所示，再将旋转中心点拖动到辅助线的交叉点上，如图6-242所示。

 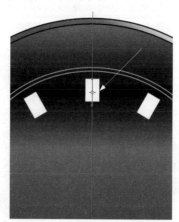 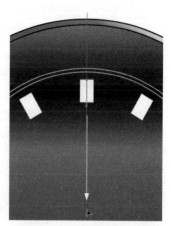

图6-240　使用直线段工具　　　图6-241　选择旋转工具时的状态　　　图6-242　改变旋转中心点
　　　　　绘制直线段

⓯ 按【Alt】键拖动直线向左旋转，当【信息】面板中显示旋转角度到6°时，如图6-243所示，松开左键即可复制一个副本，结果如图6-244所示。

图6-243　【信息】面板

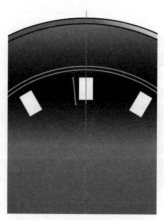

图6-244　旋转并复制对象

16 按【Ctrl + D】键再制一个副本,并同时旋转了6°,结果如图6-245所示。使用同样的方法再按【Ctrl + D】键多次再制多个副本,直至旋转一周为止,再制好的结果如图6-246所示。

图6-245 再制对象   图6-246 再制对象

17 按【Shift】键在画面中单击白色矩形上的灰色直线,以选择它们,如图6-247所示,再在键盘上按【Delete】键将它们删除,删除后的结果如图6-248所示。

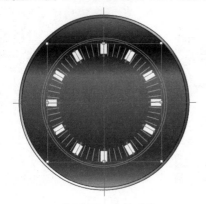
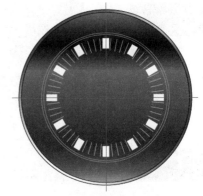

图6-247 选择对象   图6-248 删除不需要的对象

18 使用选择工具在画面中选择如图6-249所示的圆,在工具箱中双击■比例缩放工具,弹出【比例缩放】对话框,在其中设置【等比】为115%,如图6-250所示,单击【复制】按钮,即可复制一个圆,如图6-251所示。

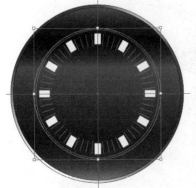

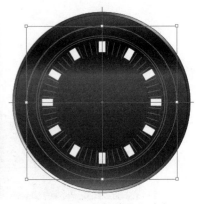

图6-249 选择对象   图6-250 【比例缩放】对话框   图6-251 复制并放大对象

⑲ 使用椭圆工具在复制圆的下方并在垂直辅助线上，按住【Shift】键画一个圆，然后在【颜色】面板中设置填色为白色，描边为无，画面效果如图6-252所示。

⑳ 使用前面制作刻度线的方法制作多个小圆点，并在【信息】面板中查看其旋转角度为6°，制作好后的效果如图6-253所示。

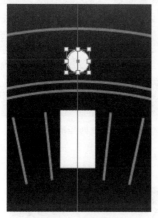

图6-252　绘制圆形

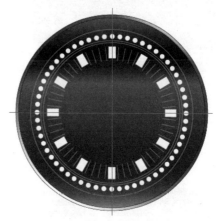

图6-253　复制并旋转对象

㉑ 按住【Shift】键并使用选择工具选择如图6-254所示的圆。在键盘上按【Delete】键将其删除，结果如图6-255所示。

图6-254　选择对象

图6-255　删除对象后的结果

㉒ 使用矩形工具在水平辅助线如图6-256所示的地方画一个小矩形。

㉓ 使用前面制作刻度线的方法制作多个小矩形，并在【信息】面板中查看其旋转角度为6°，制作好后的效果如图6-257所示。

㉔ 使用矩形工具在水平辅助线如图6-258所示的地方画一个矩形。

㉕ 在工具箱中选择旋转工具，显示旋转中心点，如图6-259所示，再将旋转中心点拖动到辅助线上的交叉点上，如图6-260所示。

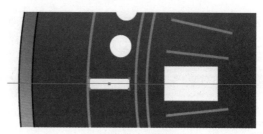

图6-256　绘制矩形

图6-257 复制并旋转对象

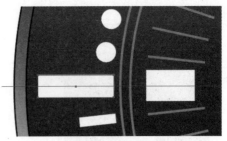

图6-258 绘制矩形

图6-259 选择旋转工具时的状态

图6-260 移动旋转中心点

㉖ 在画面中按下左键向上拖动，在【信息】面板中查看其旋转角度为−6°时，如图6-261所示，松开左键，即可将矩形向上旋转至−6°的位置，结果如图6-262所示。

图6-261 【信息】面板

图6-262 旋转对象

㉗ 按【Alt】键在画面中按下左键向下拖动，在【信息】面板中查看其旋转角度为30°时，松开左键，即可将矩形向下旋转至30°的位置，结果如图6-263所示。

㉘ 按【Ctrl+D】键9次再制9个副本，再制好的结果如图6-264所示。

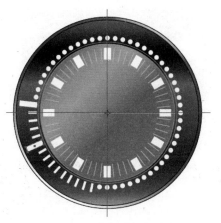

图6-263　复制并旋转对象　　　　　　　　图6-264　再制对象

29 按【Shift】键在画面中单击不需要的矩形，以选择它们，如图6-265所示，再按
【Delete】键将其删除，删除后的结果如图6-266所示。

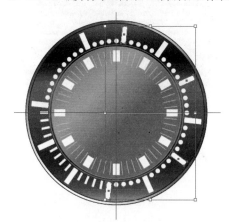

图6-265　选择对象　　　　　　　　　图6-266　删除后的效果

30 从工具箱中选择◎多边形工具，在画面上单击弹出如图6-267所示的【多边形】对话
框，在其中设置【半径】为8mm，【边数】为3，单击【确定】按钮，得到如图6-268
所示的三角形。

图6-267　【多边形】对话框　　　　　　图6-268　绘制好的三角形

31 显示【变换】面板，在其中设置【旋转角度】为－90°，如图6-269所示，结果如图6-270
所示。注意它的摆放位置。

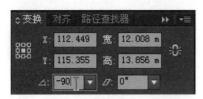

图6-269 【变换】面板

图6-270 改变角度后的效果

㉜ 使用选择工具选择并删除三角形下面的灰色直线，如图6-271所示。复制三角形到如图6-272所示的位置，并将它调整到适当大小。

图6-271 选择并删除不需要的对象

图6-272 复制并旋转对象

㉝ 按【Alt + Shift】键从辅助线的交叉点上拖出一个如图6-273所示的圆，显示【变换】面板并在其中设置【宽】为6.5mm，【高】为6.5mm，在【颜色】面板中设置描边为"K：50"；在【渐变】面板中进行渐变编辑，效果和【渐变】面板如图6-274所示。

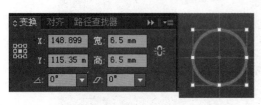

图6-273 绘制圆

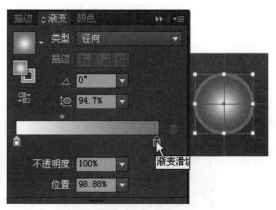

图6-274 渐变填充

提示 ▮▮

左边色标颜色为"K：0"，右边色标颜色为"K：61"。

34 在工具箱中选择 ✏️ 钢笔工具，分别勾画出如图6-275所示的图形，用来表示时针和分针，在【颜色】面板中分别设置它们的填充颜色为"K：20"，结果如图6-276所示。

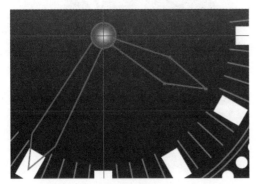

图6-275 使用钢笔工具绘制时针与分针

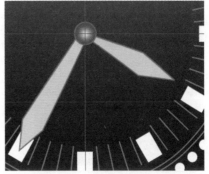

图6-276 填充颜色后的效果

35 从工具箱中选择 ✏️ 直线段工具，在画面上画一条直线，在【颜色】面板中设置描边颜色为"K：20"，表示秒针，使用椭圆工具在直线的右端画一个圆，在【颜色】面板中设置填充颜色为"K：20"，描边为无，效果如图6-277所示。

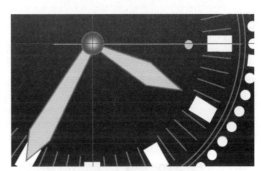

图6-277 绘制秒针

36 使用钢笔工具在画面的上方勾画出如图6-278所示的标志，并在【颜色】面板中设置描边为白色。

37 在工具箱中选择 🅃 文字工具，显示【字符】面板并在其中设置所需的字体和字体大小，然后在画面上分别单击并输入相应的文字，在【颜色】面板中设置填色为白色，效果如图6-279所示。

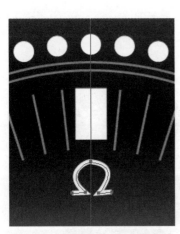

图6-278 使用钢笔工具绘制标志

图6-279 使用文字工具输入文字

38 使用选择工具选择画面中的圆形，并在【渐变】和【颜色】面板中设置所需的渐变，如图6-280所示，画面效果如图6-281所示。

图6-280 【颜色】面板

图6-281 渐变填充后的效果

39 按【Alt + Shift】键从辅助线的交叉点上拖出一个圆，并在【变换】面板设置【宽】为138mm，【高】为138mm，如图6-282所示，画面效果如图6-283所示。

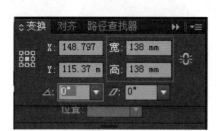

图6-282 【变换】面板

图6-283 复制并放大对象后的效果

40 在工具箱中选择■比例缩放工具，弹出如图6-284所示的对话框，在其中设置【等比】为110%，单击【复制】按钮，即可复制一个圆，如图6-285所示。

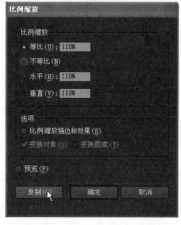

图6-284 【比例缩放】对话框

图6-285 复制并放大后的效果

41 使用椭圆工具在画面的上方画一个椭圆，在【变换】面板中设置【宽】为36mm，【高】为8.5mm，即可得到如图6-286所示的椭圆。

42 在【渐变】面板中设置渐变，如图6-287所示，并在工具箱中设置描边为"无"，画面效果如图6-288所示。

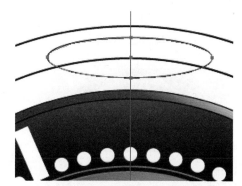

图6-286　使用椭圆工具绘制椭圆

图6-287　【渐变】面板

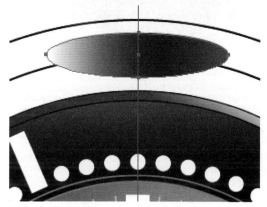

图6-288　渐变填充后的效果

提　示

色标①的颜色为白色，色标②的颜色为"K：75.69"，色标③的颜色为"K：58.04"。

43 在工具箱中选择■旋转工具，显示旋转中心点，再将旋转中心点拖动到辅助线上的交叉点上，如图6-289所示。接着按【Alt】键在画面中按下左键向左拖动，并在【信息】面板中查看其旋转角度为30°时，松开左键，即可将复制的矩形向左旋转至30°的位置，结果如图6-290所示。

图6-289　改变旋转中心点位置

图6-290　复制并旋转对象

44 按【Ctrl + D】键10次，得到如图6-291所示的效果。使用选择工具框选最外面的圆，在键盘上按【Delete】键将其删除，结果如图6-292所示。

图6-291　再制对象

图6-292　删除最外面圆后的效果

45 使用选择工具选择如图6-293所示的圆形，在【渐变】面板中编辑所需的渐变，左边色标为白色，中间色标为"K：55.69"，右边色标为"K：45.49"，如图6-294所示，编辑渐变后的结果如图6-293所示。

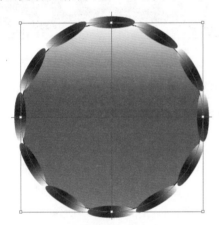

图6-293　填充渐变颜色后的效果

图6-294　【渐变】面板

46 按【Shift】键选择所有旋转并复制的椭圆，并在其上右击弹出如图6-295所示的快捷菜单，在其中选择【排列】→【置于底层】命令，即可得到如图6-296所示的效果。

47 显示【路径查找器】面板，在其中单击 （分割）按钮，如图6-297所示，将选择的对象进行分割。

图6-295　选择【置于底层】命令

图6-296　改变顺序后的效果

图6-297　【路径查找器】面板

48 在工具箱中选择 直接选择工具，选择圆的外面不需要的部分，如图6-298所示，在键盘上按【Delete】键将其删除，得到如图6-299所示的结果。同样将其他不要的部分删除，即可得到如图6-300所示的结果。

图6-298　选择对象

图6-299　删除后的效果

图6-300　选择并删除后的效果

49 选择手表下方的一个凹面并将它适当地调小，如图6-301所示；再选择它下方的对象，如图6-302所示。

图6-301　选择并调整对象

图6-302　选择对象

50 按【Delete】键将其删除，即可得到图6-303所示的效果，使用同样的方法对其他几处进行调整，结果如图6-304所示。

图6-303 删除后的效果

图6-304 调整并删除后的效果

51 选择要清除轮廓色的对象，再将轮廓色清除，清除轮廓色后的效果如图6-305所示。显示【图层】面板，在其中单击"图层1"前面的列将该图层锁定，并在面板的底部单击 ▣ （创建新图层）按钮，新建"图层2"，如图6-306所示。

图6-305 选择并清除轮廓色

图6-306 【图层】面板渐变填充

52 使用钢笔工具勾画出如图6-307所示的形状，在【颜色】和【渐变】面板中进行渐变编辑，【渐变】面板和效果如图6-308所示。

图6-307 使用钢笔工具绘制图形

图6-308 渐变填充

提 示

左边色标颜色为"K：31.37"，右边色标颜色为"K：67.06"。

53 使用钢笔工具勾画出如图6-309所示的形状，在【颜色】和【渐变】面板中进行渐变编辑，【渐变】面板和效果如图6-310所示。

图6-309 使用钢笔工具绘制图形 　　　图6-310 渐变填充

提 示

左边色标颜色为白色，中间色标的颜色为"K：41.57"，右边色标颜色为"K：51.76"。

54 使用钢笔工具勾画出如图6-311所示的形状，在【颜色】和【渐变】面板中进行渐变编辑，【渐变】面板和效果如图6-312所示。

图6-311 使用钢笔工具绘制图形 　　　图6-312 渐变填充

提 示

左边色标颜色为“K：51.76”，中间色标的颜色为“K：18.43”，右边色标颜色为白色。

55 使用选择工具框选刚绘制好的三个图形，在工具箱中选择镜像工具，将镜像中心移到时针轴上，再在画面中适当位置按下左键进行拖移，到达适当位置时按【Alt】键进行镜像复制，结果如图6-313所示。

56 使用钢笔工具勾画出如图6-314所示的形状，在【颜色】和【渐变】面板中进行渐变编辑，【渐变】面板和效果如图6-315所示。

提 示

色标①的颜色为“K：11.76”，色标②的颜色为“K：29”，色标③的颜色为“K：67”，色标④的颜色为“K：29.8”，色标⑤的颜色为“K：81”。

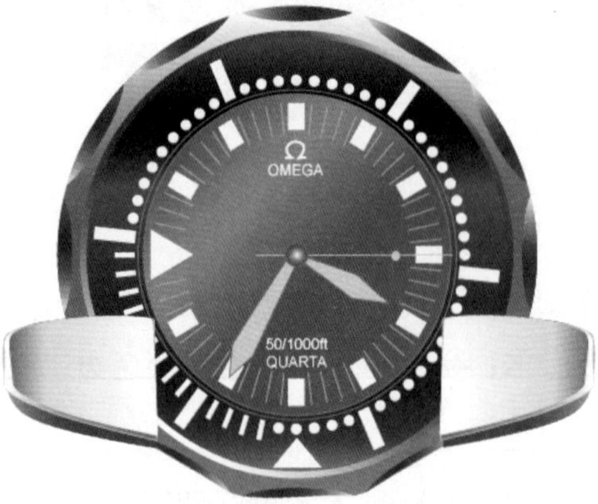

图6-313　镜像并复制对象

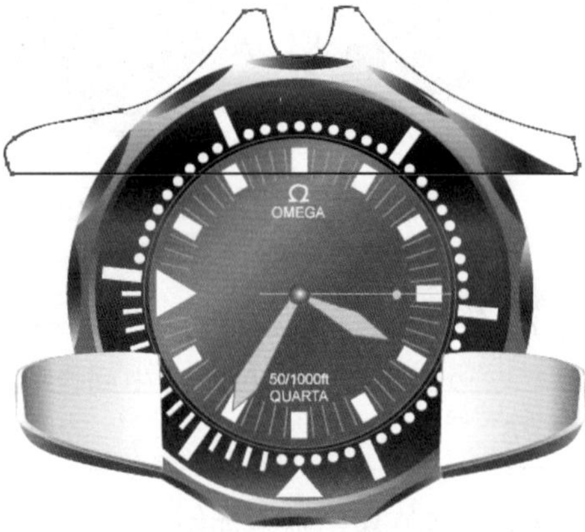

图6-314　绘制图形

57 使用钢笔工具勾画出另一个面，在【颜色】和【渐变】面板中进行渐变编辑，【渐变】面板和效果如图6-316所示。

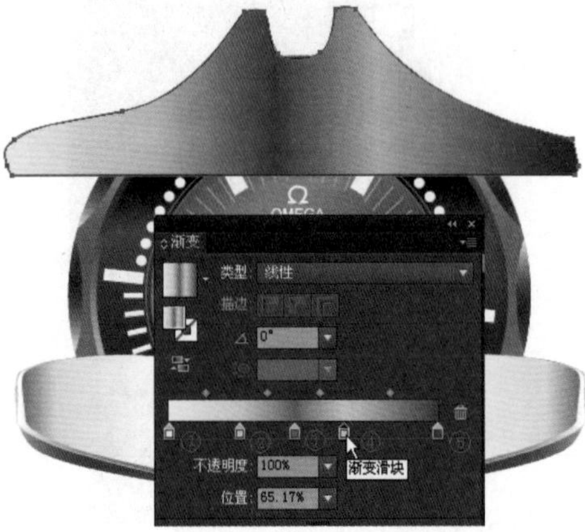

图6-315　渐变填充

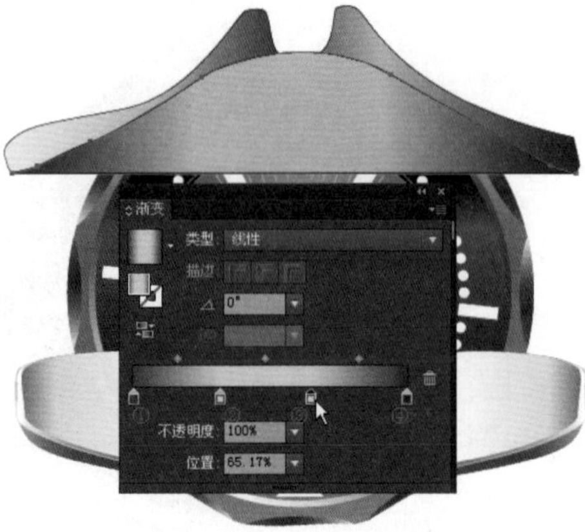

图6-316　绘制图形后进行渐变填充

58 使用钢笔工具勾画出倒角面，在【颜色】和【渐变】面板中进行渐变编辑，【渐变】面板和效果如图6-317所示。

59 使用钢笔工具分别勾画出另外两个倒角面，在【颜色】和【渐变】面板中进行渐变编辑，【渐变】面板和效果如图6-318所示。

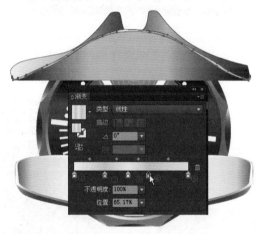

图6-317 绘制图形后进行渐变填充

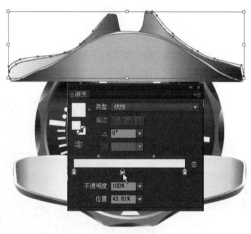

图6-318 绘制图形后进行渐变填充

60 在【颜色】面板中将刚绘制图形的描边设置为无，再在【图层】面板中将"图层2"拖到"图层1"的下面，如图6-319所示，效果如图6-320所示。

61 使用矩形工具在如图6-321所示的位置画一个矩形，在【颜色】和【渐变】面板中进行渐变编辑，【渐变】面板和效果如图6-322所示。

图6-319 改变图层顺序

色标①的颜色为"K：45"，色标②的颜色为"K：12"，色标③的颜色为"K：69.41"，色标④的颜色为"K：44.71"。

图6-320　改变图层顺序后的效果

图6-321　绘制矩形

62 使用椭圆工具在渐变矩形上方画一个椭圆，用来表示顶面，再在【颜色】面板中设置填色为"K：12.94"，如图6-323所示。

图6-322　渐变填充

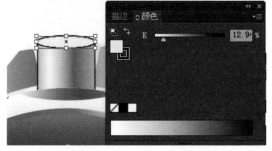

图6-323　绘制椭圆并填充颜色

63 使用选择工具分别选择刚绘制的矩形和椭圆，在【颜色】面板中设置描边为无，效果如图6-324所示。然后框选矩形和椭圆，并将其拖动到画面的空白处。

图6-324　选择对象并清除轮廓色

64 使用矩形工具在如图6-325所示的位置画一个矩形，在【颜色】和【渐变】面板中进行渐变编辑，【渐变】面板和效果如图6-326所示。

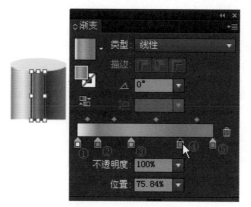

图6-325 绘制矩形 　　　　　图6-326 填充渐变颜色

> **提示**
>
> 色标①的颜色为"K：8.63"，色标②的颜色为"K：52.55"，色标③的颜色为"K：41.57"，色标④的颜色为"K：57.25"，色标⑤的颜色为"K：54.12"。

65 使用钢笔工具勾画出如图6-327所示的图形，并在【颜色】面板中设置填色为"K：7.06"，描边为"K：12.5"；使用选择工具选择如图6-328所示的图形，在【颜色】面板中设置描边为无。

图6-327 绘制图形并填充颜色 　　　　　图6-328 清除轮廓色

66 按住【Shift】键选择长方形上方的弓形，并将指针指向选框内按下左键向左上方拖动，到达如图6-329所示的位置时按下【Alt】键复制这两个对象；再按【Ctrl + [】键后移两次，即可得到如图6-330所示的效果。

67 多次拖动并复制，然后向后移，即可得到如图6-331所示的效果。

68 从工具箱中选择铅笔工具，在圆柱的顶上绘制出一个图形；再显示【渐变】面板，在其中设置渐变，如图6-332所示。

图6-329 选择并复制对象

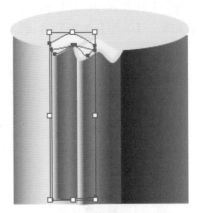

图6-330 后移两层后的效果

图6-331 复制并改变顺序后的效果

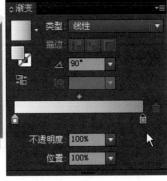

图6-332 使用铅笔工具绘制图形并填充渐变颜色

69 从工具箱中单击选择工具，按住【Shift】键选择所有弓形对象，如图6-333所示。接着选择 镜像工具，并将镜像中心移到椭圆的中心点上，如图6-334所示，按下左键拖动到适当的位置，如图6-335所示，按下【Alt】键松开左键进行复制。

图6-333 选择对象

图6-334 移动镜像点

70 从工具箱中单击选择工具，将所选对象适当调小，如图6-336所示，发条就绘制完成了。

图6-335 复制并镜像对象

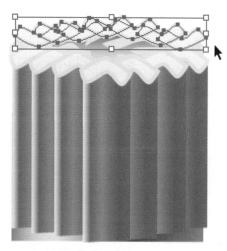

图6-336 调整大小

71 框选空白处的整个对象，将指针指向选框内按下左键拖动到表的"上发条"处（即先绘制矩形和椭圆的地方），如图6-337所示；效果感觉小了，所以应把它们进行适当地放大，放大后的效果如图6-338所示。

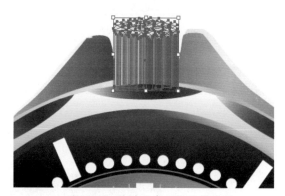

图6-337 拖动发条到所需的位置

图6-338 调整大小

72 在菜单中执行【对象】→【排列】→【置于底层】命令，在空白处单击取消选择，即可得到如图6-339所示的效果。

73 从工具箱中选择✐钢笔工具，在上发条处绘制一个用来表示侧面和顶面的图形，并在【渐变】和【颜色】面板中设置所需的渐变，效果和面板如图6-340所示。

图6-339 改变排放顺序

提 示

左边色标颜色为"K：11.76"，中间色标的颜色为"K：5"，右边色标颜色为"K：81"。

74 使用钢笔工具在发条的右边绘制一个侧面，并在【渐变】和【颜色】面板中设置所需的渐变，效果和面板如图6-341所示。

图6-340　使用钢笔工具绘制图形并填充渐变颜色

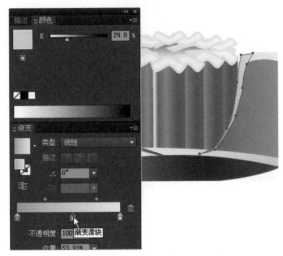

图6-341　绘制图形并填充渐变颜色

> **提　示**
>
> 左边色标颜色为"K：48.24"，中间色标的颜色为"K：29.8"，右边色标颜色为"K：14.12"。

75 按【Ctrl + [】键将所选对象后移到适当的位置，然后选择左边的图形，同样按【Ctrl + [】键将它移至适当的位置，效果如图6-342所示。

76 在空白处使用钢笔工具勾画出链块的正面图，并在【渐变】和【颜色】面板中设置所需的渐变，效果和【渐变】面板如图6-343所示。

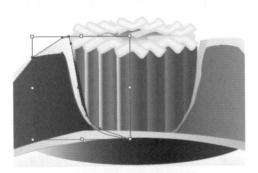

图6-342　改变排列顺序后的效果

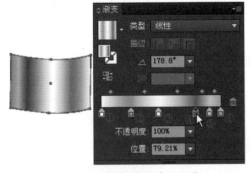

图6-343　绘制链块的正面图

> **提　示**
>
> 色标①的颜色为白色，色标②的颜色为"K：50.59"，色标③的颜色为白色，色标④的颜色为"K：67.06"，色标⑤的颜色为"K：31.37"，色标⑥的颜色为"K：46.67"。

77 使用椭圆工具在渐变图形的上方画一个椭圆，表示链块的侧面，并在【渐变】和【颜色】面板中设置所需的渐变，效果和【渐变】面板如图6-344所示。

色标①的颜色为白色，色标②的颜色为"K：38.82"，色标③的颜色为白色，色标④的颜色为"K：40.39"，色标⑤的颜色为"K：31.37"，色标⑥的颜色为"K：46.67"。

78 使用选择工具框选两个图形，在【颜色】面板中设置描边为无，并将它移动到如图6-345所示的位置。

79 在按住【Alt】键的同时将它向上拖动到如图6-346所示的位置，松开左键和键盘即可复制一个对象。

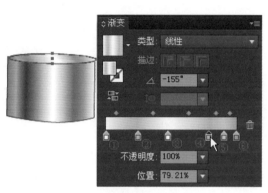

图6-344　绘制链块的侧面　　　　图6-345　选择、移动并清除　　图6-346　拖动并
　　　　　　　　　　　　　　　　　　　　　对象描边色　　　　　　　　复制对象

80 多次按【Alt】键向所需的方向拖动并复制，然后将复制的对象进行适当调整，结果如图6-347所示，表示左边的表带。使用选择工具框选左边的表带，在工具箱中选择镜像工具，将镜像中心移到时针轴上，拖动表带到适当位置时按【Alt】键进行镜像复制，结果如图6-348所示，手表就制作完成了。

图6-347　复制并调整对象　　　　　　图6-348　镜像并复制对象

第7章
企业CI设计

本章通过标志、中性笔、信封信纸、宣传气球、服装和工作证6个范例，介绍了使用Illustrator CS6设计企业CI的方法和技巧。

7.1　标志

在CI设计中，标志的制作尤为重要，因为标志是一个企业应用最为广泛，出现最为频繁的要素，具有发动所有视觉设计要素的主导力量，是统一所有视觉设计要素的核心。更重要的是，标志在消费者心中的是特定企业、品牌的同一物。标志在视觉系统中则具有识别性、领导性、同一性、时代性、造型性、延伸性和系统性。

应用领域

在绘制公司、集团或单位的标志、广告、图样时，都可以使用本实例"标志"中的制作方法。如图7-1所示为实例效果图，如图7-2所示为类似范例的实际应用效果图。

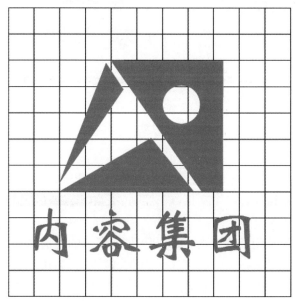

图7-1　标志最终效果图

图7-2　精彩效果欣赏

设计思路

首先新建一个文档，再使用矩形网格工具绘制一个网格，用来确定图形位置与大小。然后使用钢笔工具、椭圆工具、选择工具、【减去顶层】等工具与命令绘制标志的图标部分。最后使用文字工具输入公司名称。如图7-3所示为制作流程图。

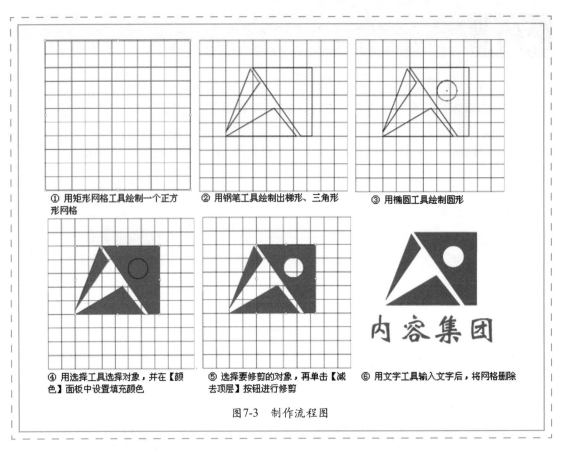

① 用矩形网格工具绘制一个正方 形网格　　② 用钢笔工具绘制出梯形、三角形　　③ 用椭圆工具绘制圆形

④ 用选择工具选择对象，并在【颜 色】面板中设置填充颜色　　⑤ 选择要修剪的对象，再单击【减 去顶层】按钮进行修剪　　⑥ 用文字工具输入文字后，将网格删除

图7-3　制作流程图

操作步骤

01 开启Illustrator CS6，按【Ctrl + N】键新建一个文档，在控制栏 中设置描边为黑色，填色为无，描边粗细为0.5pt。

02 在工具箱中选择 矩形网格工具，在绘图区内单击，弹出如图7-4所示的对话框，在其 中设置【宽度】为100mm，【高度】为100mm，水平分隔线的【数量】为10，垂直分 隔线的【数量】为10，单击【确定】按钮，得到如图7-5所示的网格。

图7-4　【矩形网格工具选项】对话框

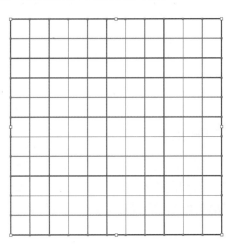

图7-5　绘制好的网格

03 在工具箱中选择 钢笔工具，在网格中勾画出如图7-6所示的梯形。

04 使用钢笔工具在网格中勾画出如图7-7所示的三角形。

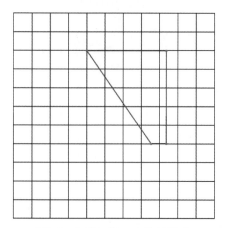

图7-6　使用钢笔工具绘制梯形

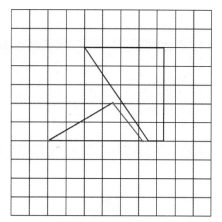

图7-7　使用钢笔工具绘制三角形

05 使用钢笔工具在网格中勾画出如图7-8所示的三角形。

06 在工具箱中选择 椭圆工具，按着【Shift】键在画面上适当的位置绘制一个圆形，如图7-9所示。

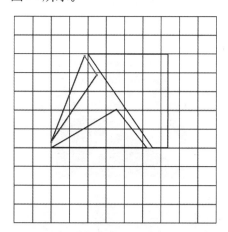

图7-8　使用钢笔工具绘制三角形

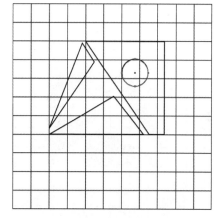

图7-9　使用椭圆工具绘制圆形

07 在工具箱中选择 选择工具，按住【Shift】键分别选择绘制的几个对象，并在【颜色】面板中设置填充颜色为"C：15，M：100，Y：100，K：5"，得到如图7-10所示的效果。

08 使用选择工具在空白处单击取消选择，再按住【Shift】键在画面中选择圆和圆下方的梯形，接着在【路径查找器】面板中单击 （减去顶层）按钮，如图7-11所示，得到如图7-12所示的结果。

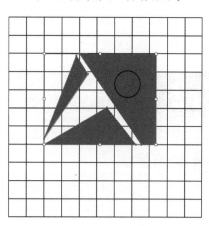

图7-10　选择对象并填充颜色

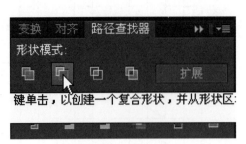

图7-11 【路径查找器】面板

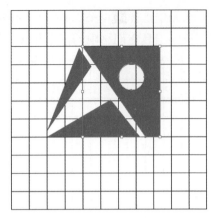

图7-12 修剪后的效果

09 在工具箱中选择 **T** 文字工具，在网格中单击并输入"内容集团"文字，选择文字后，接着在菜单中执行【窗口】→【文字】→【字符】命令，显示【字符】面板，在其中设置【字体】为华文新魏，【大小】为60pt，按住【Ctrl】键在空白处单击，确认文字输入同时取消选择，即可得到如图7-13所示的结果。

10 使用选择工具选择矩形网格图形，在键盘上按【Delete】键删除，结果如图7-14所示，再在菜单中执行【文件】→【存储为】命令，在弹出的对话框中设置文件名为标志，单击【保存】按钮即可。

图7-13 使用文字工具输入文字

图7-14 删除网格后的效果

7.2 中性笔

 应用领域

在绘制实物写生、产品模型、广告宣传页时，都可以使用本实例"中性笔"中的制作方法。如图7-15所示为制作效果图，如图7-16所示为类似范例的实际应用效果图。

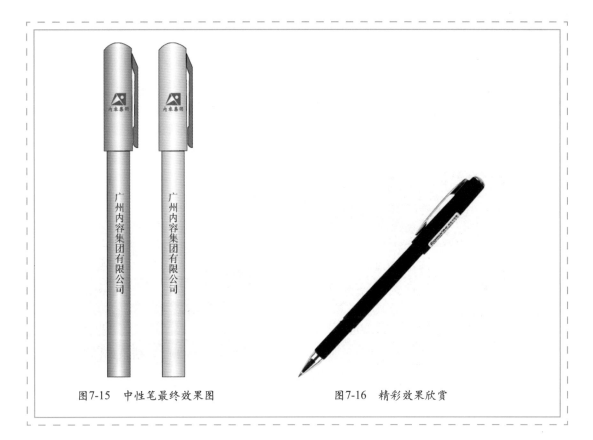

图7-15　中性笔最终效果图　　　　图7-16　精彩效果欣赏

![闹钟图标] **设计思路**

　　首先新建一个文档，再使用矩形工具、钢笔工具绘制中性笔的结构图，然后使用选择工具、【渐变】面板、【颜色】面板等工具与功能为中性笔填充颜色，最后使用【打开】、文字工具将标志与公司名称排放到中性笔上。如图7-17所示为制作流程图。

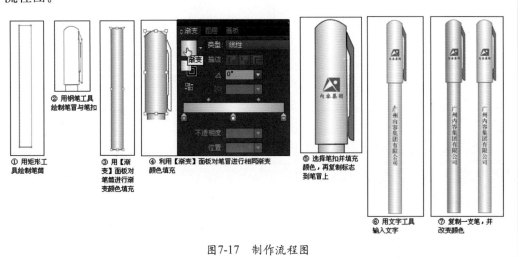

① 用矩形工具绘制笔筒　② 用钢笔工具绘制笔冒与笔扣　③ 用【渐变】面板对笔筒进行渐变颜色填充　④ 利用【渐变】面板对笔冒进行相同渐变颜色填充　⑤ 选择笔扣并填充颜色，再复制标志到笔冒上　⑥ 用文字工具输入文字　⑦ 复制一支笔，并改变颜色

图7-17　制作流程图

操作步骤

01 按【Ctrl + N】键新建一个文档，显示【颜色】面板，在其中设置填色为无，描边为黑色，显示【描边】面板，在其中设置【粗细】为0.5pt，如图7-18所示。

02 从工具箱中选择▢矩形工具，在绘图区的适当地方单击弹出如图7-19所示的对话框，在其中设置【宽度】为8mm，【高度】为78mm，单击【确定】按钮，得到如图7-20所示的矩形，用来表示笔筒。

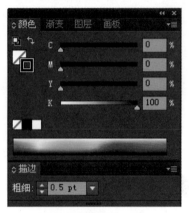

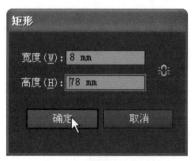

图7-18 【颜色】面板 　　　　　　　　　　　图7-19 【矩形】对话框

03 在工具箱中选择✒钢笔工具，在矩形的上方勾画出如图7-21所示的形状，用来表示笔帽。

04 在笔帽的旁边使用钢笔工具勾画出如图7-22所示的形状，用来表示笔扣。

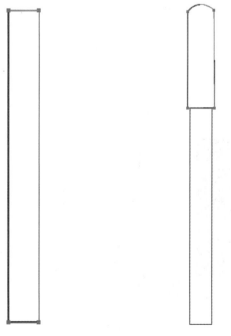

图7-20 绘制好的矩形 　　　图7-21 使用钢笔工具绘制笔帽 　　　图7-22 使用钢笔工具绘制笔扣

05 从工具箱中单击▶选择工具，在绘图区内选择笔筒，显示【渐变】面板，在其中设置左边和右边的色标颜色为"C：11.37，M：49.02，Y：0，K：0"，中间的色标颜色为白色，如图7-23所示，得到如图7-24所示的结果。

06 在画面中选择笔帽，在【渐变】面板中选择【渐变】图标，即可将笔帽填充为笔筒的渐变颜色，如图7-25所示。

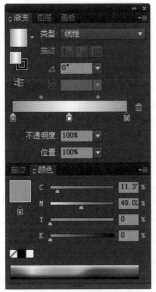

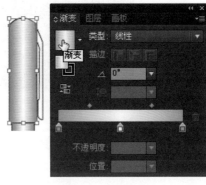

图7-23 【渐变】面板　　　图7-24 填充渐变颜色后的效果　　　图7-25 渐变填充

07 在画面中选择笔扣，在【颜色】面板中设置【填色】为"C：34.9，M：46.6，Y：96，K：23.9"，效果如图7-26所示。

08 在菜单中执行【文件】→【打开】命令，打开前面做好的标志，将它复制到当前的中性笔画面中，调整并排放到如图7-27所示的位置上，在空白处单击取消选择。

图7-26 选择对象并填充颜色　　　　　图7-27 复制标志到笔帽上

09 在工具箱中选择 T 直排文字工具，在笔筒上单击并输入公司名称，选择文字后在控制栏的【字符】面板中设置所需的字符格式，如图7-28所示。

⑩ 在工具箱中选择 选择工具，在画面中框选整支笔，将指针移向选框内。当指针成 ▶ 状时，按下左键向左拖动，到适当位置时按【Alt + Shift】键进行复制，松开左键即可得到一支笔，如图7-29所示。

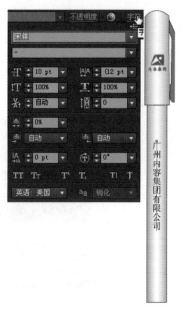

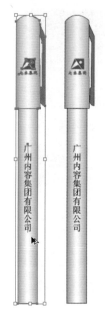

图7-28　使用直排文字工具输入文字　　　　　　图7-29　拖动并复制对象

⑪ 使用选择工具在画面中选择复制后的笔筒，在【渐变】面板中设置左边和右边的色标颜色为"C：91.37，M：30.2，Y：0，K：0"，中间的色标颜色不变，结果如图7-30所示。

⑫ 在【渐变】面板的【渐变】图标上按下左键向复制后的笔帽的轮廓线上拖动，当指针成 状时松开左键，即可将复制的笔帽填充为蓝色渐变，如图7-31所示。

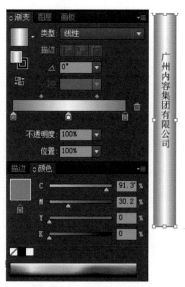

图7-30　改变对象渐变颜色　　　　　　图7-31　绘制好的最终效果图

7.3　信封信纸

应用领域

在制作广告宣传单、邮票、挂牌、卡片时，可以使用本实例"信封信纸"中的制作方法。如图7-32所示为实例效果图，如图7-33所示为类似范例的实际应用效果图。

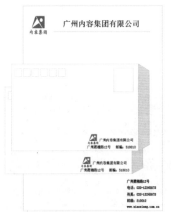

图7-32　信封信纸最终效果图　　　　　图7-33　精彩效果欣赏

设计思路

首先新建一个文档，再使用矩形工具确定信封与信纸的大小，然后使用直接选择工具、【颜色】面板、矩形工具、选择工具等工具与命令绘制出信封与信纸的结构图，最后使用【打开】、文字工具将标志与公司名称放到信封与信纸中。如图7-34所示为制作流程图。

① 用矩形工具绘制两个矩形，确定信封大小　　② 用直接选择工具对折叠边进行调整　　③ 用矩形工具绘制一个正方形，再按Alt键拖动并复制一个副本，然后再复制几个副本　　④ 用矩形工具绘制一个矩形，再文字工具输入文字

⑤ 复制标志　　⑥ 用矩形工具确认信纸大小，再复制标志　　⑦ 用文字工具输入文字后用直线段工具绘制一条直线段　　⑧ 用文字工具输入文字

图7-34　制作流程图

操作步骤

（1）制作信封

01 按【Ctrl + N】键新建一个文档，显示【颜色】面板，在其中设置填色为白色，描边为黑色，显示【描边】面板，在其中设置【粗细】为"0.5pt"，如图7-35所示。

02 从工具箱中选择■矩形工具，在绘图区内单击弹出如图7-36所示的【矩形】对话框，在其中设置【宽度】为165mm，【高度】为110mm，单击【确定】按钮，得到如图7-37所示的矩形。

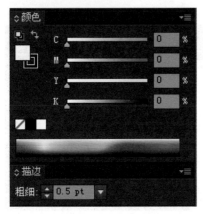

图7-35 【颜色】面板

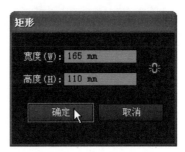

图7-36 【矩形】对话框

03 使用矩形工具在矩形的右边再画一个如图7-38所示的矩形。

图7-37 绘制好的矩形

图7-38 绘制矩形

04 在工具箱中选择■直接选择工具，将矩形调为如图7-39所示的形状，显示【颜色】面板，在【颜色】面板中设置填色为"C：0.78，M：18.4，Y：73.3，K：0"，得到如图7-40所示的效果。

05 使用矩形工具在信封的左上角画一个如图7-41所示的矩形，用来表示填写邮编的地方。

06 在工具箱中选择■选择工具，按下【Alt】键将指针指向选框内，当指针成➤状时，按下左键向右拖动，到适当位置后按下【Shift】键，使之保持水平方向移动，松开左键，即可复制一个矩形，如图7-42所示。使用同样的方法再进行4次复制，得到如图7-43所示的结果。

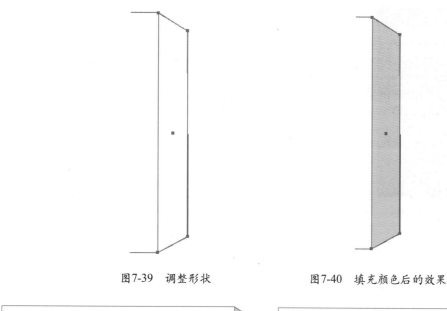

图7-39　调整形状　　　　　　　图7-40　填充颜色后的效果

图7-41　绘制矩形　　　　　　　图7-42　拖动并复制对象

07 使用矩形工具在画面的右上角画一个如图7-44所示的矩形，用来表示粘邮票的位置。

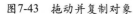

图7-43　拖动并复制对象　　　　　　　图7-44　绘制矩形

08 从工具箱中选择 **T** 文字工具，在控制栏的【字符】面板中设置所需的参数，如图7-45 所示，在信封的右下角适当位置分别单击并输入相应的文字，结果如图7-46所示。

09 在菜单中执行【文件】→【打开】命令，打开前面制作好的标志，将它复制到当前的 信封画面中，调整并排放到如图7-47所示的位置，在空白处单击取消选择，完成信封 制作。

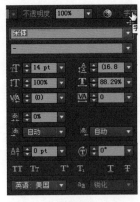

图7-45 【字符】面板

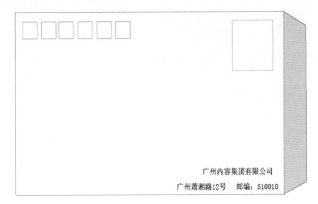

图7-46 使用文字工具输入文字

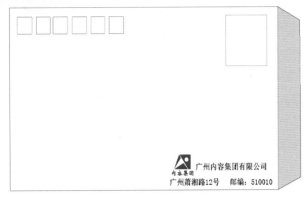

图7-47 复制标志到信封中

（2）制作信纸

🔟 从工具箱中选择▣矩形工具，在绘图区适当的位置单击弹出如图7-48所示的对话框，在其中设置【宽度】为180mm，【高度】为260mm，单击【确定】按钮，得到如图7-49所示的矩形。

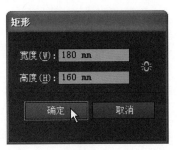

图7-48 【矩形】对话框

图7-49 绘制矩形

⓫ 在工具箱中选择▷选择工具，框选标志，按下【Alt】键的同时将指针指向选框内，按

下左键将它拖动到适当的位置，松开左键，然后对它进行适当的缩放调整，取消选择后的效果如图7-50所示。

⓬ 从工具箱中选择■文字工具，在【字符】面板中设置所需的参数，如图7-51所示，在标志的后面单击并输入公司名称，画面效果如图7-52所示。

图7-50　复制标志到信纸中

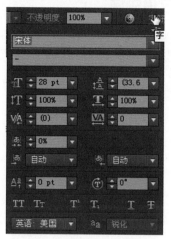

图7-51　【字符】面板

⓭ 从工具箱中选择■直线段工具，在文字的下方画一条直线，如图7-53所示。

图7-52　输入文字

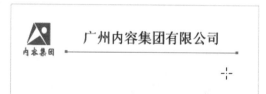

图7-53　使用直线段工具绘制直线

⓮ 从工具箱中选择文字工具，在控制栏的【字符】面板中进行参数设置，在信纸的右下角分别单击并输入相应的文字，如图7-54所示。

信纸就制作完成了，最终效果如图7-55所示。

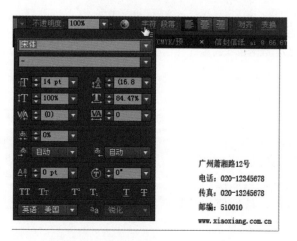

图7-54　输入文字并设置字符格式

图7-55　绘制好的信纸

7.4 宣传气球

应用领域

在制作礼品袋、灯笼、氢气球、广告宣传单时，可以使用本实例"宣传气球"中的制作方法。如图7-56所示为实例效果图，如图7-57所示为类似范例的实际应用效果图。

图7-56　宣传气球最终效果图

图7-57　精彩效果欣赏

设计思路

首先新建一个文档，再使用椭圆工具确定气球的大小，接着使用钢笔工具、矩形工具等工具与命令绘制出气球的结构图，然后使用【颜色】面板、选择工具、【渐变】面板等工具与功能为气球填充颜色，最后使用【打开】、文字工具将标志与公司名称排放到气球上。如图7-58所示为制作流程图。

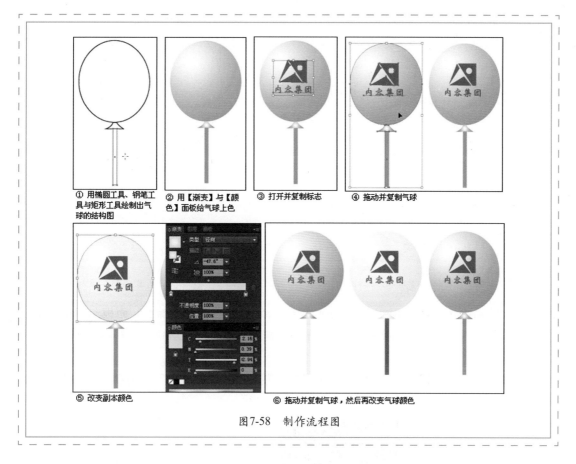

① 用椭圆工具、钢笔工具与矩形工具绘制出气球的结构图　② 用【渐变】与【颜色】面板给气球上色　③ 打开并复制标志　④ 拖动并复制气球

⑤ 改变副本颜色　⑥ 拖动并复制气球，然后再改变气球颜色

图7-58　制作流程图

操作步骤

01 按【Ctrl + N】键新建一个文档，在工具箱中选择█椭圆工具，在绘图区内适当的位置单击，弹出如图7-59所示的对话框，在其中设置【宽度】为44mm，【高度】为49mm，单击【确定】按钮，得到如图7-60所示的效果。

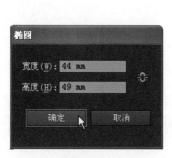

图7-59　【椭圆】对话框

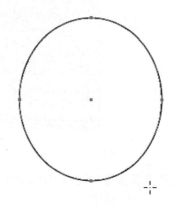

图7-60　绘制好的椭圆

02 从工具箱中选择█钢笔工具，在椭圆的下面勾画出如图7-61所示的形状。

03 从工具箱中选择█矩形工具，在椭圆的下方绘制一个如图7-62所示的矩形。

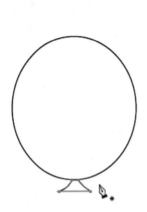

图7-61　使用钢笔工具绘制图形

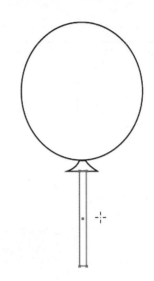

图7-62　使用矩形工具绘制气球柄

04 从工具箱中选择 选择工具，在画面上选择椭圆，显示【渐变】面板与【颜色】面板，在其中设置左边的色标颜色为白色，右边的色标颜色为"C：93.73，M：1.57，Y：1.18，K：0"，如图7-63所示。

05 从工具箱中选择 渐变工具，按下左键从椭圆的左上方向右下方拖动，松开左键得到如图7-64所示的效果。

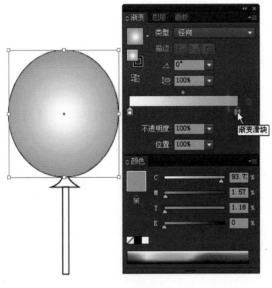

图7-63　渐变填充

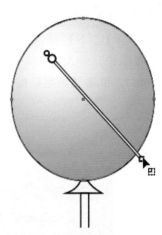

图7-64　使用渐变工具调整渐变角度

06 使用选择工具选择如图7-65所示的图形，在【渐变】面板中单击【渐变】图标，即可将所选图形以渐变填充。

07 在画面中选择下方的长矩形，在【颜色】面板中设置填色为"C：10.9，M：52.9，Y：93.3，K：1.9"，然后框选三个对象，在【颜色】面板中设置描边为无，再取消选择，效果如图7-66所示。

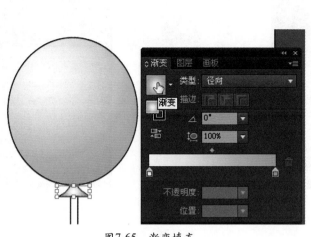

图7-65　渐变填充　　　　　　　　　　　　图7-66　选择对象并填充颜色

08 在菜单中执行【文件】→【打开】命令，打开前面制作好的标志，将它复制到宣传气球画面中来，调整并排放到如图7-67所示的位置上，在空白处单击取消选择。

09 使用选择工具选择整个气球，再按【Alt + Shift】键与鼠标左键向左移到适当的位置，松开左键，即可复制一个气球，画面效果如图7-68所示。

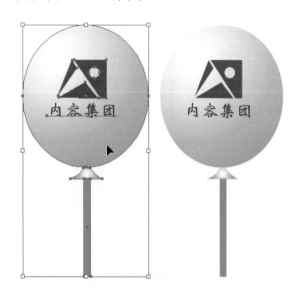

图7-67　复制标志到气球上　　　　　　　　图7-68　拖动并复制对象

10 在空白处单击以取消选择，再选择复制后的椭圆，在【渐变】面板中设置右边的色标颜色为"C：12.16，M：0.39，Y：92.94，K：0"，如图7-69所示。

11 在【渐变】面板的渐变图标上按下左键向另一个要填充为相同渐变颜色的对象拖动，如图7-70所示，松开左键后即可应用相同的渐变颜色，如图7-71所示。

12 使用选择工具选择复制后的矩形，在【颜色】面板中设置填色为"C：19.6，M：94.1，Y：0，K：0"，结果如图7-72所示。

图7-69 改变渐变颜色

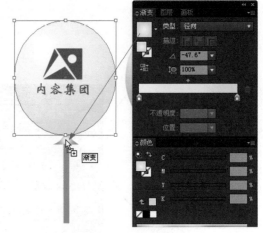

图7-70 拖动时的状态

图7-71 改变渐变颜色后的效果

图7-72 填充颜色后的效果

⓭ 使用选择工具选择整个气球，并将指针移到气球上，按下左键向左拖动到适当的位置时，按【Alt＋Shift】键进行复制，松开左键后得到如图7-73所示的结果。

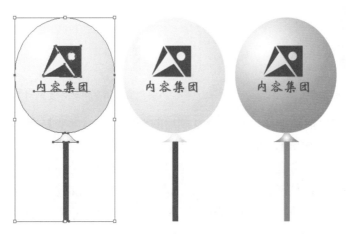

图7-73 拖动并复制后的效果

⑭ 在空白处单击以取消选择，再选择复制后的椭圆，在【渐变】面板中设置右边的色标颜色为 "C：12.55，M：62.75，Y：0，K：0"，得到如图7-74所示的结果。

⑮ 使用上面同样的方法对其他的两个对象进行颜色更改，效果如图7-75所示。

图7-74 改变渐变颜色后的效果　　　　　　　图7-75 绘制好的气球

7.5 服装

应用领域

在制作服装、标志、广告宣传单时，可以使用本实例"服装"的制作方法。如图7-76所示为实例效果图，如图7-77所示为类似范例的实际应用效果图。

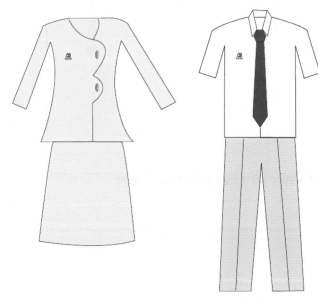

图7-76 服装最终效果图

图7-77 精彩效果欣赏

设计思路

　　首先新建一个文档，再使用钢笔工具、椭圆工具、直线段工具绘制出服装的结构图，然后使用【颜色】面板、选择工具、【渐变】面板等工具与功能为服装填充颜色，最后使用【打开】、文字工具将标志与公司名称排放到服装中。如图7-78所示为制作流程图。

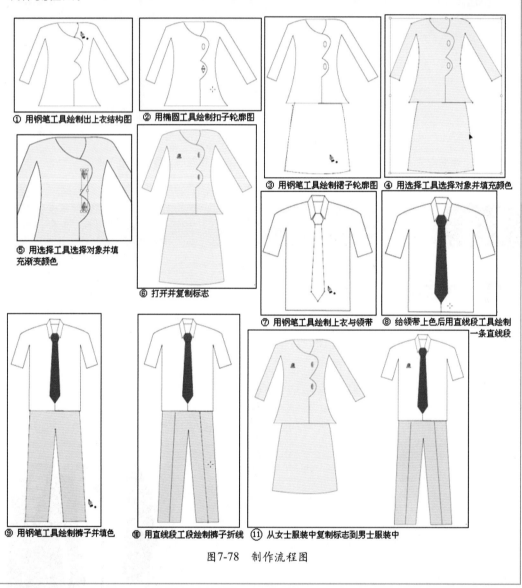

① 用钢笔工具绘制出上衣结构图　② 用椭圆工具绘制扣子轮廓图

③ 用钢笔工具绘制裙子轮廓图　④ 用选择工具选择对象并填充颜色

⑤ 用选择工具选择对象并填充渐变颜色

⑥ 打开并复制标志

⑦ 用钢笔工具绘制上衣与领带　⑧ 给领带上色后用直线段工具绘制一条直线段

⑨ 用钢笔工具绘制裤子并填色　⑩ 用直线段工段绘制裤子折线　⑪ 从女士服装中复制标志到男士服装中

图7-78　制作流程图

操作步骤

　　（1）制作女式服装

01 按【Ctrl + N】键新建一个文档，在控制栏中设置 描边 ⬦ 0.5 pt 描边为0.5pt，接着在工具箱中选择 ✏钢笔工具，在绘图区内适当的位置勾画出上衣的外形，如图7-79所示。

02 按【Ctrl】键在空白处单击以取消选择，再使用钢笔工具勾画出如图7-80所示的曲线，使用同样的方法勾画出如图7-81所示的曲线。

图7-79　使用钢笔工具绘制上衣外形

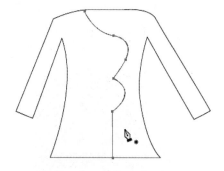

图7-80　使用钢笔工具绘制曲线

03 从工具箱中选择　椭圆工具，在衣服上画出两个一样大小的椭圆，如图7-82所示，用来表示纽扣。

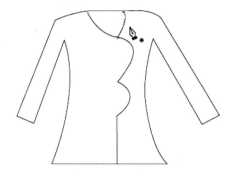

图7-81　使用钢笔工具绘制曲线

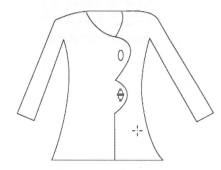

图7-82　使用椭圆工具绘制纽扣

04 使用钢笔工具在衣服的下面勾画出如图7-83所示的图形，用来表示裙子。

05 从工具箱中选择　选择工具，按住【Shift】键选择衣服和裙子，然后在【颜色】面板中设置填色为"C：2.75，M：11，Y：14，K：0.39"，得到如图7-84所示的结果。

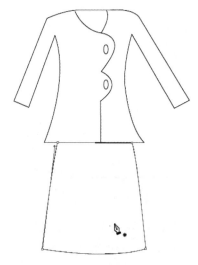

图7-83　使用钢笔工具绘制裙子

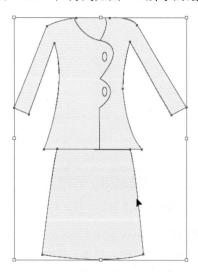

图7-84　选择对象并填充颜色

06 在空白处单击以取消选择，再按住【Shift】键选择两个纽扣，在【渐变】面板中设置左边色标的颜色为"C：3.53，M：2.35，Y：23.92，K：0"，右边色标的颜色为"C：20，M：65.49，Y：95.29，K：6.67"，如图7-85所示。

07 在工具箱中单击描边 使描边为当前颜色设置，在工具箱中单击 按钮，使描边为无，即可得到如图7-86所示的效果。

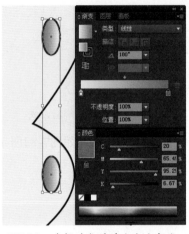

图7-85　选择对象并填充渐变颜色

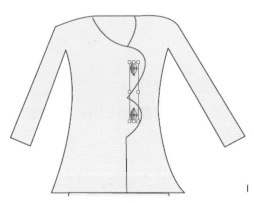

图7-86　清除描边色

08 在菜单中执行【文件】→【打开】命令，打开前面做好的标志，将它复制到衣服画面中，将它缩小并放到衣服的左上方，如图7-87所示，在空白处单击取消选择，女式服装就制作完成了。

（2）制作男式服装

09 使用钢笔工具在画面的右边勾画出如图7-88所示的图形，用来表示男式上衣的外形。

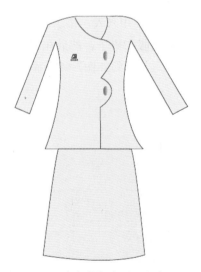

图7-87　复制标志到上衣中

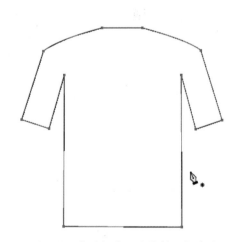

图7-88　使用钢笔工具绘制上衣外形

10 使用钢笔工具在需要绘制衣领的地方勾画出如图7-89所示的图形，在【颜色】面板中设置填色为白色，接着绘制右边衣领，同样填充为白色，画面效果如图7-90所示。

11 从工具箱中选择 直线段工具，在衣领上画出如图7-91所示的线条。

图7-89　使用钢笔工具绘制衣领　　　图7-90　使用钢笔工具绘制衣领　　　图7-91　使用直线段工具线条

⓬　使用钢笔工具在衣领的下方勾画出如图7-92所示的图形，用来表示领结，接着在领结的下方绘制如图7-93所示的图形，用来表示领带。

⓭　从工具箱中选择选择工具，按住【Shift】键选择领带和领结，然后在【颜色】面板中设置填色为"C：33.38，M：81.18，Y：96.47，K：13"，结果如图7-94所示。

图7-92　使用钢笔工具绘制领结　　　图7-93　使用钢笔工具绘制领带　　　图7-94　选择对象并填充颜色

⓮　从工具箱中选择直线段工具，在领带的下方画出如图7-95所示的线条。

⓯　使用钢笔工具在衣服的下面勾画如图7-96所示的图形，在【颜色】面板中设置填色为"C：0，M：0，Y：0，K：21"，用来表示裤子的外形。

图7-95　使用直线段工具绘制线条　　　　图7-96　使用钢笔工具绘制裤子外形

16 使用直线段工具分别在裤子上画出如图7-97所示的直线。

17 使用选择工具选择女式服装上的标志，拖动并复制到男式服装的左上方，如图7-98所示。男式衣服就制作完成了。

图7-97 使用直线段工具绘制裤子折痕   图7-98 拖动并复制标志

7.6 工作证

应用领域

在制作贵宾卡、出入证、挂牌时，可以使用本实例"工作证"的制作方法。如图7-99所示为实例效果图，如图7-100所示为类似范例的实际应用效果图。

图7-99 工作证最终效果图   图7-100 精彩效果欣赏

设计思路

首先新建一个文档，再使用矩形工具确定工作证的大小。接着使用【打开】命令将标志排放到工作证中，最后使用【颜色】面板、文字工具、选择工具、直线段工具、拖动并复制、置入等工具与功能来绘制工作证的其他细部结构。如图7-101所示为制作流程图。

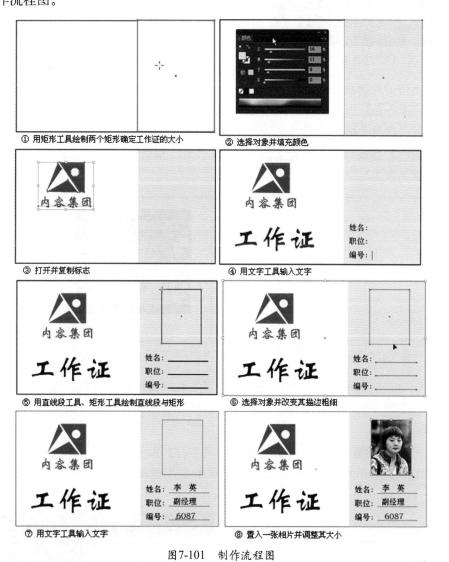

图7-101　制作流程图

 操作步骤

01 按【Ctrl + N】键新建一个文档，从工具箱中选择 ▣ 矩形工具，在控制栏中 ▣▾ ▣▾ 描边 ▏1 pt ▾ 设置填色为白色，描边为黑色，描边粗细为1pt，接着在绘图区内单击，弹出如图7-102所示的对话框，其中设置【宽度】为90mm，【高度】为50mm，单击【确定】按钮，得到如图7-103所示的矩形。

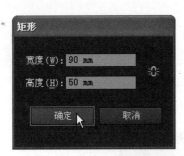

图7-102 【矩形】对话框

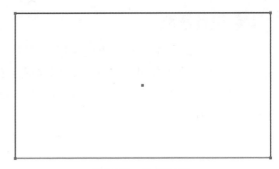

图7-103 绘制矩形

02 在矩形上边的轮廓线适当的位置单击，弹出【矩形】对话框，在其中设置【宽度】为35mm，【高度】为50mm，单击【确定】按钮，得到一个矩形，如果没有与右边对齐，可以在键盘上按向右键将它移动到大矩形的右边对齐，效果如图7-104所示。

03 显示【颜色】面板，在其中设置填色为"C：16，M：11，Y：9，K：0"，【描边】为无，效果如图7-105所示。

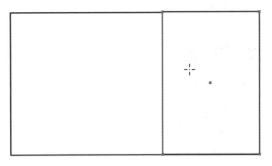

图7-104 绘制矩形

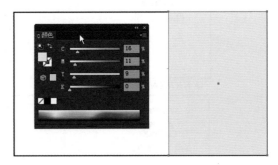

图7-105 填充颜色

04 在空白处单击取消选择，在菜单中执行【文件】→【打开】命令，打开前面制作好的标志，将它复制到工作证画面中，将其排放到适当的位置并进行适当的调整，效果如图7-106所示。

05 从工具箱中选择 T 文字工具，在控制栏的【字符】面板中设置【字体】为华文新魏，【字体大小】为36pt，在矩形上适当的位置单击并输入"工作证"文字，如图7-107所示，按【Ctrl】键在空白处单击确认文字输入。

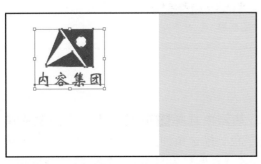

图7-106 打开并复制标志

图7-107 使用文字工具输入文字并设置字符格式

06 在控制栏的【字符】面板设置【字体】为"华文中宋"，【字体大小】为10pt，【行距】为17pt；再使用文字工具在工作证的右下角分别单击并输入"姓名："，"职位："，"编号："，得到如图7-108所示的结果。

07 在工具箱中选择☑直线段工具，按住【Shift】键在"姓名："后画一条线段，如图7-109所示。

图7-108　使用文字工具输入文字　　　　图7-109　使用直线段工具绘制线段

08 使用选择工具将线段选取，按【Alt】键将线段向下拖到"职位："的后面，松开左键即可复制一条线段。使用同样的方法，再将线段复制到"编号："的后面，如图7-110所示。

09 在空白处单击以取消选择，使用矩形工具在"姓名："上方适当的位置单击，弹出【矩形】对话框，在其中设置【宽度】为18mm，【高度】为24mm，单击【确定】按钮，得到如图7-111所示矩形。

图7-110　拖动并复制线段　　　　　　　图7-111　绘制矩形

10 在工具箱中选择▶选择工具，按【Shift】键在画面中选择要改变描边粗细的图形与直线，再在控制栏中设置描边粗细为0.5pt，得到如图7-112所示的效果。

图7-112　选择对象并改变描边粗细

⑪ 使用文字工具分别在"姓名："、"职位："、"编号："的后面单击并输入相应的文字，如图7-113所示，它们之间要尽量对齐。

图7-113　使用文字工具输入文字

⑫ 在菜单中执行【文件】→【置入】命令，将准备好的照片置入到画面中来（配套光盘\素材库\7\701.jpg），并放到适当的位置与调整其大小，调整好后的效果如图7-114所示。工作证就制作完成了。

图7-114　置入图片

第8章
广告、包装、效果图设计

　　本章通过通行证设计、酒类广告设计、房地产广告、周年庆典POP广告、服装海报设计、宣传单设计、招贴画、商贸城广告设计、贺卡设计、塑料袋包装设计、日历设计、包装平面效果图设计、包装立体效果图设计和规划设计14个范例，介绍了使用Illustrator CS6进行广告、包装、效果图设计的方法和技巧。

8.1 通行证设计

应用领域

在制作贵宾卡、会员卡、海报、广告宣传单时，可以使用本实例"通行证设计"中的制作方法。如图8-1所示为实例效果图，如图8-2所示为类似范例的实际应用效果图。

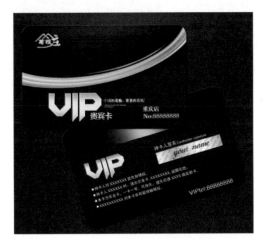

图8-1 通行证设计最终效果图

图8-2 精彩效果欣赏

设计思路

首先新建一个文档，再使用矩形工具确定通行证的大小，接着使用【艺术纹理】符号库、选择工具、拖动并复制、再制、编组、【不透明度】等工具与命令绘制背景纹理，最后使用矩形工具、【颜色】面板、【打开】、【复制】、【粘贴】、垂直文字工具等工具与功能为通行证添加图片与相关文字。如图8-3所示为制作流程图。

① 绘制一个矩形

② 添加交排列符号

③ 绘制辅助图形

④ 添加主题卡通人物

⑤ 用文字工具输入相关的文字

⑥ 最终的通行证效果图

图8-3 制作流程图

操作步骤

01 按【Ctrl + N】键新建一个纵向的文档，在【颜色】面板中设置填色为"C：0，M：34，Y：0，K：0"，描边为无，如图8-4所示。

02 在工具箱中选择■矩形工具，在画面上单击，在弹出的对话框中设置【宽度】为170mm，【高度】为250mm，如图8-5所示，单击【确定】按钮，得到如图8-6所示的矩形。

 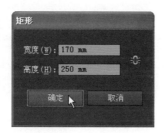 

图8-4 【颜色】面板　　　　图8-5 【矩形】对话框　　　　图8-6 绘制的矩形

03 在【窗口】菜单中执行【符号库】→【艺术纹理】命令，打开【艺术纹理】符号库，然后在其中拖动所需的符号到矩形的左上角处，如图8-7所示。

04 在【符号】面板中单击【断开链接到符号】按钮，如图8-8所示，即可进行对其进行颜色编辑，如图8-9所示，在【颜色】面板中设置描边为白色，如图8-10所示。

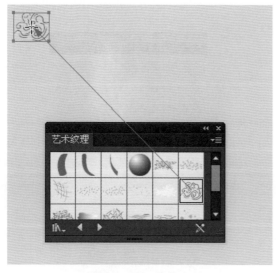

图8-7 置入符号

图8-8 【符号】面板

图8-9　改变填充颜色　　　　　　　　　　　图8-10　【颜色】面板

05 在工具箱中单击▓选择工具，按【Alt + Shift】键向右拖动到适当位置，以复制一个副本，如图8-11所示。在键盘上按5次【Ctrl + D】键，得到如图8-12所示的结果。

图8-11　拖动并复制对象　　　　　　　　　　图8-12　拖动并复制对象

06 按【Shift】键单击所有图案，以选择它们，再按【Ctrl + G】键编成一组，如图8-13所示，然后按【←】键多次将其放到所需的位置，如图8-14所示。

图8-13　编组　　　　　　　　　　　　　　图8-14　移动后的效果

07 按【Alt + Shift】键向下拖动到适当位置，以复制一组副本。在键盘上按【Ctrl + D】键多次，再制多个副本，直到将矩形布满为止，如图8-15所示。

08 按【Shift】键在画面中单击其他的图案组，以选择它们，然后在控制栏中设置【不透明度】为40%，如图8-16所示。

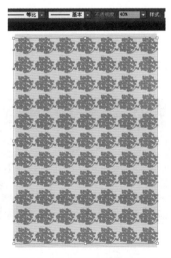

图8-15　拖动并复制对象　　　　　　　　　　图8-16　改变不透明度后的效果

09 使用矩形工具在画面右边沿着边缘拖出如图8-17所示的矩形，填充颜色为"C：0，M：37，Y：0，K：15"，再使用矩形工具拖出如图8-18所示的线条。

图8-17　绘制矩形　　　　　　　　　　图8-18　绘制矩形条

10 按【Ctrl＋O】键打开制作好的卡通人物，使用选择工具框选它，如图8-19所示，再按【Ctrl＋C】键进行复制，然后激活正在设计通行证的文件，按【Ctrl＋V】键将其粘贴到画面中，并放到适当位置，再调整至适当大小，如图8-20所示。

图8-19　打开的卡通人物　　　　　　图8-20　复制并调整对象

11 在工具箱中选择 **T** 垂直文字工具，在画面上点击并输入"E网通行证"文字，选择文字后在控制栏的【字符】面板中设置【字体】为黑体，【字体大小】为65pt，在【颜色】面板中设置填色为白色，如图8-21所示。同样使用 **T** 文字工具，在画面的右下角单击并输入如图8-22所示的文字，填充颜色为黑色和"C：0，M：83，Y：20，K：0"。

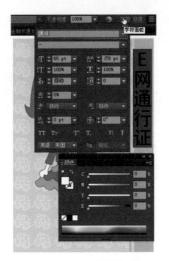

图8-21　设置字符格式

图8-22　输入文字并填充颜色

⑫ 使用矩形工具在黑色文字后面绘制一个矩形，在【颜色】面板中设置填色为"C：0，M：0，Y：0，K：24"，如图8-23所示，再单击选择工具，按【Alt + Shift】键将其向下复制一个副本，结果如图8-24所示。作品就制作完成了。

图8-23　绘制矩形

图8-24　复制矩形

8.2　酒类广告设计

应用领域

　　在制作海报、宣传单、包装、广告宣传单时，可以使用本例"酒类广告设计"中的制作方法。如图8-25所示为实例效果图，如图8-26所示为类似范例的实际应用效果图。

图8-25　酒类广告设计最终效果图　　　　图8-26　精彩效果欣赏

设计思路

首先新建一个文档，再使用矩形工具、【渐变】面板与【颜色】面板、【变换】面板、【置入】、【不透明度】等工具与命令绘制广告的背景，接着使用文字工具、【创建轮廓】、【渐变】面板、【外发光】、【置入】、矩形工具等工具与命令添加主题对象及相关文字。如图8-27所示为制作流程图。

① 绘制一个矩形并进行渐变填充

② 绘制一个菱形并进行渐变填充

③ 置入图片并调整不透明度

④ 输入文字并进行渐变填充

⑤ 给文字与菱形添加外发光

⑥ 置入图片并排放到适当位置

⑦ 输入文字并排放到适当位置

⑧ 最终效果图

图8-27　制作流程图

操作步骤

01 按【Ctrl + N】键新建一个文档，从工具箱中选择█矩形工具，在画面上单击弹出【矩形】对话框，在其中设置【宽度】为120mm，【高度】为160mm，单击【确定】按钮，得到如图8-28所示的矩形。

02 显示【渐变】面板与【颜色】面板，在【渐变】面板中添加一个色标，然后分别选择色标，在【颜色】面板中设置所需的颜色，如图8-29所示，渐变效果如图8-30所示。

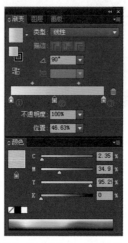

图8-28 使用矩形工具绘制矩形　　图8-29 【渐变】与【颜色】面板　　图8-30 填充渐变颜色后的效果

> **提　示**
>
> 色标①的颜色为"C：3.14，M：3.14，Y：49.4，K：0"；色标②的颜色为"C：2.35，M：34.9，Y：95.2，K：0"；色标③的颜色为"C：20，M：36.4，Y：95.2，K：6.67"。

03 使用矩形工具在渐变矩形中适当的位置单击，弹出【矩形】对话框，在其中设置【宽度】为78mm，【高度】为78mm，单击【确定】按钮，得到如图8-31所示的正方形。

04 显示【变换】面板，在其中设置旋转角度为45°，如图8-32所示，将它移到画面的中心，得到如图8-33所示的效果。

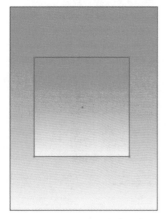

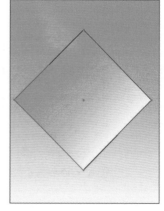

图8-31 绘制矩形并填充颜色　　图8-32 【变换】面板　　图8-33 旋转后的效果

⑤ 在【颜色】面板中设置描边为无，在【渐变】面板中设置【角度】为−90°，如图8-34 所示，得到如图8-35所示的效果。

⑥ 在菜单中执行【文件】→【置入】命令，置入已准备好的图片（配套光盘\素材库 \8\802.psd），将它排放到如图8-36所示的位置，如果大小不满意可以将它进行适当的 调整。

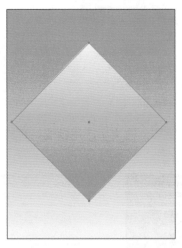

图8-34 【变换】面板　　　　　图8-35 改变渐变角度后的效果　　　　　图8-36 置入的图片

⑦ 显示【透明度】面板，在其中设置【不透明度】为30%，如图8-37所示，得到如图8-38 所示的效果。

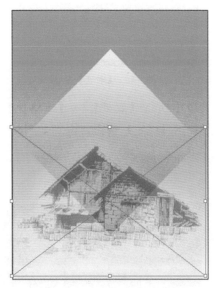

图8-37 【透明度】面板　　　　　图8-38 改变不透明度后的效果

⑧ 在工具箱中选择 T 文字工具，在控制栏的【字符】面板中设置所需的参数，如图8-39所 示，在画面中央单击并输入"酒"字，选择直接选择工具确认文字输入，结果如图8-40 所示。

⑨ 在菜单中执行【文字】→【创建轮廓】命令，得到如图8-41所示的结果。

图8-39 【字符】面板

图8-40 输入文字

图8-41 将文字创建成轮廓

⑩ 在【渐变】面板中单击渐变图标，使文字应用渐变，再设置渐变角度为90°，如图8-42所示，得到如图8-43所示的结果。

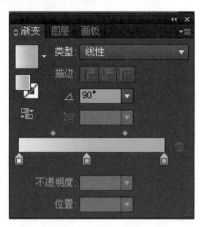

图8-42 【渐变】面板

图8-43 渐变填充后的效果

⑪ 在菜单中执行【效果】→【风格化】→【外发光】命令，弹出如图8-44所示的对话框，单击【确定】按钮，得到如图8-45所示的效果。

图8-44 【外发光】对话框

图8-45 添加外发光后的效果

⑫ 使用选择工具选择菱形，在菜单中执行【效果】→【风格化】→【外发光】命令，在

弹出的对话框中直接单击【确定】按钮，得到如图8-46所示的效果。

⑬ 在菜单中执行【文件】→【置入】命令，置入已准备好的图片（配套光盘\素材库\8\803.psd），将它放到如图8-47所示的位置，如果大小不满意可以进行适当调整。

图8-46 添加外发光后的效果

图8-47 置入的图片

⑭ 使用文字工具在画面的上方，单击并输入"十里飘香"文字，按【Ctrl】键在文字上单击确认文字输入，然后在控制栏的【字符】面板中设置【字体】为隶书，【字体大小】为50pt，在【颜色】面板中设置填色为白色，得到如图8-48所示的结果。

⑮ 使用文字工具在画面的左上方，单击并输入相应的文字，选择直接选择工具确认文字输入，然后在控制栏的【字符】面板中设置【字体】为隶书，【字体大小】为12pt，结果如图8-49所示。

图8-48 输入文字

图8-49 输入文字

⑯ 使用矩形工具在第一行文字的前面画一小矩形，在【颜色】面板中设置填色为白色，描边为无，效果如图8-50所示。按【Alt】键将指针指向选框内按下左键，向下拖到第

二行文字的前面，松开鼠标左键即可复制一个小矩形，如图8-51所示。

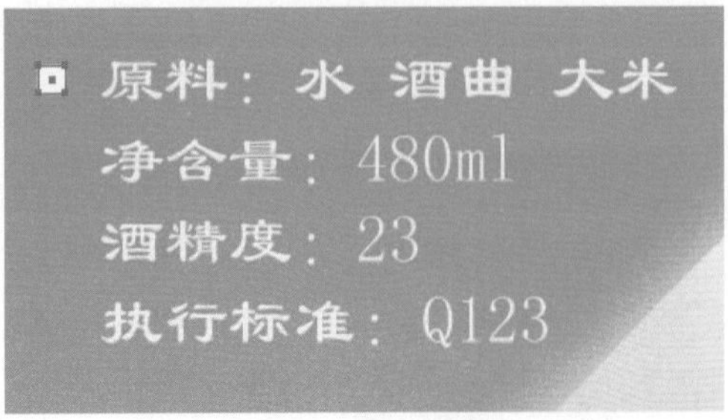

图8-50 绘制矩形

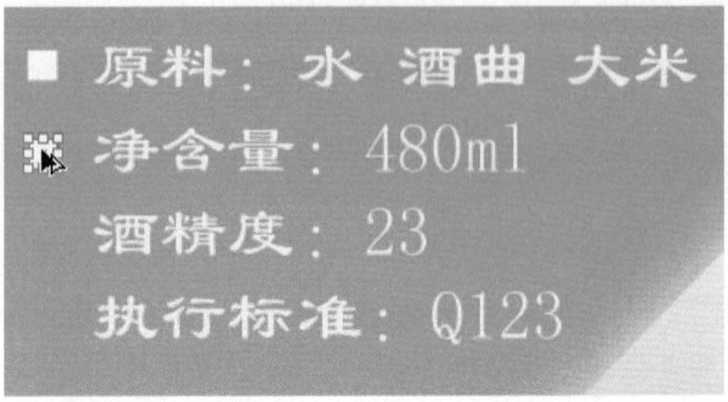

图8-51 复制矩形

⑰ 使用同样的方法将小矩形复制到其他几行文字的前面，结果如图8-52所示。白色小矩形要与相对应的文字对齐。

⑱ 使用文字工具在画面的底部单击并输入公司名称，选择直接选择工具确认文字输入，然后在控制栏的【字符】面板中设置【字体】为隶书，【字体大小】为14pt，在【颜色】面板中设置填色为黑色，取消文字的选择，得到如图8-53所示的效果。作品就制作完成。

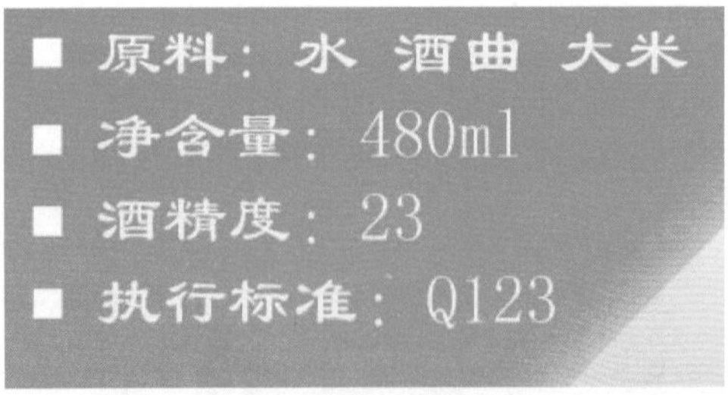

图8-46 复制矩形

图8-53 绘制好的最终效果图

8.3 房地产广告

 应用领域

在制作室外设计图、广告宣传单、海报时，可以使用本例"房地产广告"中的制作方法。如图8-54所示为实例效果图，如图8-55所示为类似范例的实际应用效果图。

图8-54 房地产广告最终效果图　　　　图8-55 精彩效果欣赏

设计思路

　　首先置入一张背景图片，再使用矩形工具、【颜色】面板、选择工具、【羽化】、【置入】等工具与命令绘制广告的背景，接着使用文字工具、【投影】、矩形工具、【置入】等工具与命令添加主题对象及相关文字。如图8-56所示为制作流程图。

① 将置入的图片与矩形组合

② 给置入的图片添加羽化效果

③ 置入图片并排放到适当位置

④ 输入文字并添加投影效果

⑤ 在画面底部绘制一个矩形

⑥ 最终效果图

图8-56 制作流程图

操作步骤

01 按【Ctrl + N】键新建一个图形文件，再置入一张如图8-57所示的建筑图片。

02 在工具箱中选择 ■ 矩形工具，接着在画面上沿着建筑图片的底边画一个如图8-58所示的矩形，再在【颜色】面板中设置填色为"C：52.16，M：13.73，Y：0.39，K：0"，描边为无，然后按【Ctrl + Shift + [】键，将其排放到最后面，得到如图8-59所示的效果，用来作为背景。

图8-57 打开的图像

图8-58 使用矩形工具绘制矩形

图8-59 填充颜色并排放到底层

03 在工具箱中单击选择工具，在画面上单击建筑图片，再在菜单中执行【效果】→【风格化】→【羽化】命令，在弹出的对话框中设置【半径】为40mm，如图8-60所示，单击【确定】按钮，得到如图8-61所示的效果。

图8-60 【羽化】对话框

图8-61 羽化后的效果

04 置入一张如图8-62所示的图片，按【Shift】键将它等比缩小并排放到如图8-63所示的位置。

图8-62 置入的图片

图8-63 调整后的效果

05 在工具箱中选择 **T** 直排文字工具，在控制栏的【字符】面板中设置【字体】为华文新魏，【字体大小】为110pt，在画面上单击并输入"温馨家园"文字，选择文字后再按【Ctrl】键将文字拖到适当位置，然后在【颜色】面板中设置填色为白色，得到如图8-64所示的效果。

06 在菜单中执行【效果】→【风格化】→【投影】命令，在弹出的对话框中设置具体参数，如图8-65所示，单击【确定】按钮，得到如图8-66所示的效果。

图8-64 输入文字

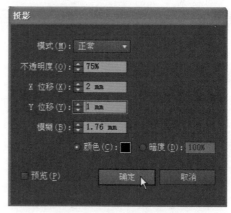

图8-65 【投影】对话框

07 使用同样的方法在画面上如图8-67所示的位置输入相关的广告文字并添加阴影。

08 使用矩形工具在画面中沿着画面的底边画一个如图8-68所示的矩形，并填充颜色为"C：100，M：100，Y：58.04，K：15.69"。

09 使用文字工具在画面中如图8-69所示的位置输入公司名称和电话，其填充颜色为"C：1.57，M：59.22，Y：83.14，K：0"。

图8-66　添加投影后的效果

图8-67　输入文字

图8-68　绘制矩形

图8-69　输入文字

⑩ 在菜单中执行【文件】→【置入】命令，在弹出的对话框中选择要置入的标志，如图8-70所示，单击【置入】按钮，弹出如图8-71所示的对话框，在其中设置【裁剪到】为边框，单击【确定】按钮，即可将该标志置入到文件中。

⑪ 在画面中将置入的标志放到如图8-72所示的位置。作品就制作完成了。

图8-70　【置入】对话框

图8-71 【置入 PDF】对话框

图8-72 置入标志后的效果

8.4 周年庆典POP广告

应用领域

在制作商品宣传单、宣传单、海报、广告招牌时，可以使用本例"周年庆典POP广告"中的制作方法。如图8-73所示为实例效果图，如图8-74所示为类似范例的实际应用效果图。

图8-73 周年庆典POP广告最终效果图

图8-74 精彩效果欣赏

设计思路

先新建一个文档，再使用文字工具、全选等工具与命令输入文字，接着使用椭圆工具、选择工具、【创建轮廓】、【偏移路径】等工具与命令为文字添加艺术效果，然后使用【打开】、【复制】、【粘贴】、【对称】、【排列】、【弧形】、矩形工具等工具与命令添加装饰对象，最后使用矩形工具、【置于底层】、【置入】等工具与命令绘制背景。如图8-75所示为制作流程图。

图8-75　制作流程图

操作步骤

01 按【Ctrl + N】键新建一个文档，从工具箱中选择T文字工具，在画板中适当位置单击并输入"辉"文字，再按【Ctrl + A】键全选文字，然后在控制栏中设置【字体】为文鼎CS大黑，【字体大小】为148，填色为"C：15，M：100，Y：90，K：10"，按【Ctrl】键在文字上单击，确认文字输入，得到如图8-76所示的文字。

02 使用文字工具在"辉"字的后面稍远一点的地方单击并输入"煌盛典"文字，选择文字后在【控制】栏中设置【字体】为文鼎CS大黑，【字体大小】为90，填色为"C：15，M：100，Y：90，K：10"，按【Ctrl】键在文字上单击确认文字输入，再按【Ctrl】键将其拖动到"辉"字的后面放好文字，结果如图8-77所示。

图8-76　输入文字　　　　　　　　　图8-77　输入文字

03 使用同样的方法在画面中依次输入所需的文字并放好，排好后的效果如图8-78所示。

04 在工具箱中选择 ⬭ 椭圆工具，在画面中围绕"周"字绘制出两个圆，如图8-79所示，设置大圆的填充颜色为白色，小圆的填充颜色为红色以及描边为无，得到如图8-80所示的效果。

05 使用 ▶ 选择工具框选红色圆与另一个白色圆，以同时选择它们，再按【Shift + Ctrl + [】键将其排放到底层，结果如图8-81所示。然后按【Alt + Shift】键将其向右拖至"年"字上，结果如图8-82所示。

图8-78　输入文字

图8-79　绘制圆形

图8-80　填充颜色

图8-81　排列对象

图8-82　复制对象

06 使用选择工具在画面中单击"辉"字，以选择它，如图8-83所示，再在菜单中执行【文字】→【创建轮廓】命令，将文字转换为轮廓，结果如图8-84所示。

图8-83　选择文字

图8-84　将文字转换为轮廓

07 在菜单中执行【对象】→【路径】→【偏移路径】命令，弹出【偏移路径】对话框，在其中设置【位移】为2mm，其他不变，如图8-85所示，单击【确定】按钮，得到如图8-86所示的效果。

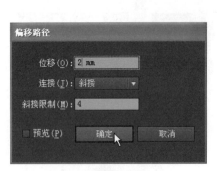

图8-85 【偏移路径】对话框

图8-86 偏移路径后的效果

08 在控制栏中设置描边为黑色，填色为白色，描边粗细为4pt，得到如图8-87所示的效果。

09 使用选择工具在画面中单击"煌盛典"文字，以选择它，再在【文字】菜单中执行【创建轮廓】命令，将文字转换为轮廓，接着在菜单中执行【对象】→【路径】→【偏移路径】命令，弹出【偏移路径】对话框，同样设置【位移】为2mm，单击【确定】按钮，然后在控制栏中设置描边为黑色，填色为白色，描边粗细为3pt，得到如图8-88示的效果。

图8-87 填充颜色

图8-88 偏移路径后的效果

10 使用同样的方法将"4"字进行扩边，扩边后的效果如图8-89所示。

11 按【Ctrl + O】键从配套光盘的素材库打开如图8-90所示的图形文件，再使用选择工具框选它们，然后按【Ctrl + C】键进行复制。

12 在文档窗口的标题栏中单击有"4周年辉煌盛典"文字的文件标签，以它为当前文字，按【Ctrl + V】键将其粘贴

图8-89 偏移路径后的效果

到画板中并放到适当位置，然后在空白处单击取消选择，再选择一个花边，将其拖到"年"字的右下方，结果如图8-91所示。

图8-90 打开的图形文件　　　　　　　　　　　图8-91 排放对象

⑬ 在菜单中执行【对象】→【变换】→【对称】命令，在其中选择【垂直】选项，勾选【变换对象】与【变换图案】两个选项，如图8-92所示，单击【复制】按钮，将选择的花边进行镜像，然后按【Shift】键将其向左拖至适当位置，结果如图8-93所示。

图8-92 【镜像】面板

图8-93 花边镜像

⑭ 使用选择工具先将周年外的圆形选择，在控制栏中将描边设为3pt，以将其加粗。接着将另一个复制的对象选择，将其拖动至"2009-2013"文字上，再按【Shift + Ctrl + [】键将其排放到底层，得到如图8-94所示的效果。

⑮ 使用选择工具在"2009-2013"文字上单击，以选择文字，在控制栏的【色板】面板中设置填色为白色，改变颜色后的结果如图8-95所示。

⑯ 在菜单中执行【效果】→【变形】→【弧形】命令，弹出【变形选项】对话框，在其中设置【弯曲】为39%，其他不变，如图8-96所示，单击【确定】按钮，得到如图8-97所示的效果。

⑰ 使用选择工具将变形文字向下拖动至横幅图形中，排放好后的结果如图8-98所示。

⑱ 在工具箱中选择▢矩形工具，在画面中围绕刚绘制的所有对象绘制一个矩形，在控制

栏中设置描边为黑色,填色为无,再在【对象】菜单中执行【排列】→【置于底层】命令,将其置于底层,画面效果如图8-99所示。

图8-94　排放对象

图8-95　调整文字并改变文字颜色

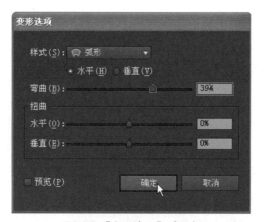

图8-96　【变形选项】对话框

图8-97　变形后的效果

图8-98　调整位置

图8-99　绘制矩形

⑲ 在工具箱中将填色设为当前颜色设置,显示【色板】面板,在其中单击所需的图案,如图8-100所示,即可用该图案填充矩形,填充图案后的效果如图8-101所示。

图8-100 【色板】面板

图8-101 图案填充

⑳ 使用选择工具在画面中单击"FOUR ANNIVERSARY"文字，以选择它，再在控制栏中设置描边为白色，描边粗细为5pt，如图8-102所示。

㉑ 按【Ctrl + C】键将对象进行复制，按【Ctrl + F】键将副本粘贴至上一层，接着将其移动到原文字上并进行重叠对齐，在控制栏中设置描边为无，如图8-103所示。

图8-102 设置描边颜色后的效果

图8-103 贴在前面后的效果

㉒ 在菜单中执行【文件】→【符号库】→【庆祝】命令，在弹出的【庆祝】符号库中选择所需的符号，然后在画面中所需的位置单击，以绘制多个符号，绘制后的效果如图8-104所示。

㉓ 在【庆祝】符号库中选择所需的符号，然后在画面中所需的位置单击，以绘制多个符号，绘制后的效果如图8-105所示。

㉔ 在【庆祝】符号库中选择所需的符号，然后在画面中所需的位置单击，以绘制多个符号，绘制后的效果如图8-106所示。

图8-104 置入符号后的效果

图8-105　置入符号后的效果

图8-106　置入符号后的效果

㉕ 在工具箱中单击选择工具，将绘制的符号进行大小调整并移至所需的位置，调整后的效果如图8-107所示。

㉖ 在工具箱中选择▢矩形工具，在画面中沿着前面绘制的矩形再绘制一个矩形，在控制栏中将填色设为无，描边设为黑色，如图8-108所示。

图8-107　调整符号大小

图8-108　绘制矩形

㉗ 按【Shift】键在画面中单击刚绘制的符号，以同时选择它们，如图8-109所示，再在菜单中执行【对象】→【剪切蒙版】→【建立】命令，由矩形建立蒙版，即可将矩形外的内容隐藏，隐藏后的效果如图8-110所示。

图8-109　选择对象

图8-110　建立剪切蒙版

28 由于在画面中很难选择背景矩形，所以显示【图层】面板，在其中找到背景矩形所在的图层，再单击后面的◎图标，以选择该层，然后在控制栏中将描边设为无，如图8-111所示。作品就制作完成了。

图8-111　清除描边色

8.5 服装海报设计

应用领域

在设计海报、POP广告和贺卡时，可以使用本例"服装海报设计"中的制作方法。如图8-112所示为实例效果图，如图8-113所示为类似范例的实际应用效果图。

图8-112　服装海报设计最终效果图

图8-113　精彩效果欣赏

设计思路

先新建一个文档，再使用矩形工具、【颜色】与【渐变】面板、钢笔工具、椭圆工具、【内发光】、【不透明度】等工具与命令绘制背景，接着使用【符号库】、文字工具、【创建轮廓】、【偏移路径】、直接选择工具、【渐变】面板、选择工具、【颜色】面板、编组、矩形工具、建立剪切蒙版等工具与命令为画面添加主题与一些装饰品。如图8-114所示为制作流程图。

① 绘制矩形并进行渐变填充

② 在画面中绘制出表示山坡的图形

③ 绘制椭圆并添加内发光效果

④ 从【符号库】中添加相应的符号

⑤ 输入文字与添加偏移路径后的效果

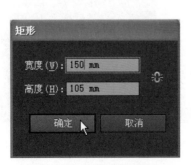
⑥ 最终效果图

图8-114　制作流程图

操作步骤

01 按【Ctrl + N】键新建一个图形文档，在工具箱中选择■矩形工具，然后在画板的适当位置单击，在弹出的对话框中设置【宽度】为150mm，【高度】为105mm，如图8-115所示，单击【确定】按钮，得到一个固定大小的矩形，用来确定该广告的大小，如图8-116所示。

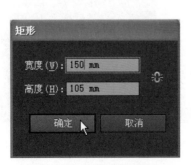

图8-115　【矩形】对话框

图8-116　绘制矩形

02 显示【颜色】与【渐变】面板，在【颜色】面板中设置描边为无，再在【颜色】与【渐变】面板中编辑所需的渐变，设置好渐变后的效果如图8-117所示。

图8-117 填充渐变颜色

03 在工具箱中选择🖊钢笔工具，接着在画面中绘制一个图形，在【颜色】面板中设置填色为"C：21.57，M：3.92，Y：18.04，K：0"，如图8-118所示。

04 使用钢笔工具在画面中绘制一个图形，并在【颜色】面板中设置填色为"C：28.24，M：3.92，Y：26.27，K：0"，如图8-119所示。

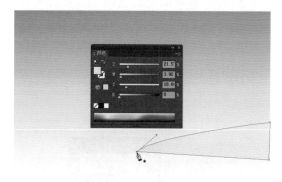
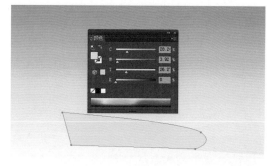

图8-118 绘制图形并填充颜色   图8-119 绘制图形并填充颜色

05 使用钢笔工具在画面中绘制出表示山坡的图形，并分别填充相应的颜色，绘制好后的效果如图8-120所示。

06 在工具箱中选择⬭椭圆工具，接着在画面的适当位置绘制一个椭圆，并在【颜色】面板中设置所需的颜色，如图8-121所示。

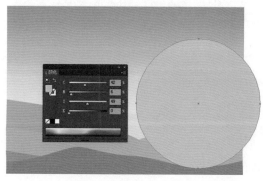

图8-120 绘制图形并填充颜色   图8-121 绘制椭圆并填充颜色

07 在菜单中执行【效果】→【风格化】→【内发光】命令，弹出【内发光】对话框，在其中设置【模式】为正常，【不透明度】为91%，【模糊】为7.76mm，选择【边缘】与【预览】选项，如图8-122所示，单击【确定】按钮，得到如图8-123所示的效果。

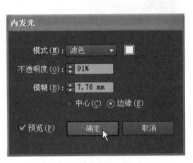

图8-122 【内发光】对话框

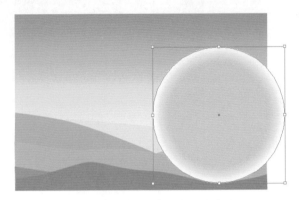

图8-123 添加内发光后的效果

08 在控制栏中设置【不透明度】为55%，得到如图8-124所示的效果。

09 在菜单中执行【窗口】→【符号库】→【花朵】命令，显示【花朵】符号库，在其中拖动所需的花朵到画面中，如图8-125所示，然后拖动两朵花到画面中，如图8-126所示。

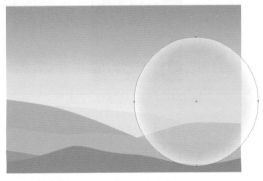

图8-124 改变透明度后的效果

图8-125 置入符号实例

10 使用同样的方法从【花朵】符号库面板中拖出一朵花，然后将其拖大，如图8-127所示。

图8-126 置入符号实例

图8-127 置入并调整符号实例

⑪ 使用同样的方法分别从【花朵】符号库面板中拖出一些花，并根据需要将它们依次排放好和调整大小，如图8-128所示。

⑫ 在菜单中执行【窗口】→【符号库】→【自然】命令，显示【自然】符号库，从其中拖出一朵云，如图8-129所示；然后再拖出3朵云，并根据需要将它们调整到所需的大小，调整好后的效果如图8-130所示。

图8-128 置入并调整符号实例

图8-129 置入符号实例

图8-130 置入并调整符号实例

⑬ 在菜单中执行【窗口】→【符号】命令，显示【符号】面板，从其中拖出一只鸟并放到适当位置，如图8-131所示。

⑭ 在工具箱中选择 T 文字工具，在画面的适当位置单击并输入"感动"文字，按【Ctrl】键单击文字确认输入，再在控制栏的【字符】面板中设置所需的参数，如图8-132所示。

图8-131 置入符号实例

图8-132 输入文字

⑮ 在菜单中执行【文字】→【创建轮廓】命令，将文字转换为轮廓，结果如图8-133所示。

图8-133　将文字转换为轮廓

16 在菜单中执行【对象】→【路径】→【偏移路径】命令，显示【偏移路径】对话框，在其中设置【位移】为0.8mm，其他不变，如图8-134所示，单击【确定】按钮，得到如图8-135所示的结果。

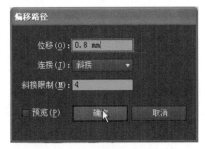

图8-134　【偏移路径】对话框

图8-135　偏移路径后的效果

17 在工具箱中选择 ![直接选择工具] 直接选择工具，再在文字上单击以选择内部路径，如图8-136所示。然后在【渐变】与【颜色】面板中编辑所需的渐变，如图8-137所示。

图8-136　选择路径

图8-137　渐变填充后的效果

⑱ 使用直接选择工具在文字上单击以选择外部路径，然后在【渐变】面板中单击渐变图标，再设置【角度】为90°，得到渐变相同而方向不同的渐变效果，如图8-138所示。

⑲ 使用直接选择工具在"动"文字上单击以选择内部路径，在【渐变】面板中单击渐变图标，应用前面编辑好的渐变；然后在【角度】文本框中输入-90°，调整渐变方向，如图8-139所示。

图8-138 改变渐变角度后的效果

图8-139 选择路径并应用渐变后的效果

⑳ 使用同样的方法对"动"字的外轮廓进行渐变填充，渐变填充后的效果如图8-140所示。

㉑ 使用 选择工具在画面中单击文字，以选择文字，按【Alt】键将文字向左上方拖移，到达适当位置后松开左键复制一个副本，如图8-141所示。

图8-140 渐变填充后的效果

图8-141 拖动并复制一个副本

㉒ 在画面的空白处单击取消选择，再使用选择工具单击原文字，以选择它，然后在【颜色】面板中设置填色为"C：47，M：100，Y：52，K：3"，如图8-142所示，用来制作文字阴影。

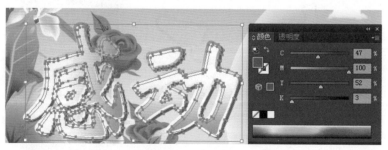

图8-142 填充颜色

㉓ 按【Shift】键单击上层文字，以同时选择原对象与副本，然后将其移动到所需的位置，如图8-143所示。

㉔ 使用前面同样的方法用文字工具输入"春天"文字，并将其转换为轮廓，画面效果如图8-144所示。

图8-143　选择对象

图8-144　输入文字并将文字转换为轮廓

㉕ 在菜单中执行【对象】→【路径】→【偏移路径】命令，显示【偏移路径】对话框，在其中设置【位移】为0.8mm，其他不变，如图8-145所示，单击【确定】按钮，得到如图8-146所示的结果。

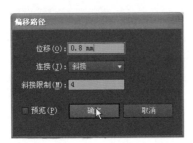
图8-145　【偏移路径】对话框

图8-146　偏移路径后的效果

㉖ 使用前面同样的方法对文字的内部轮廓进行渐变填充，如图8-147所示。

图8-147　渐变填充后的效果

㉗ 使用直接选择工具选择文字的外部轮廓，再在【颜色】面板中设置所需的填色，如图8-148所示。

图8-148 填充颜色

㉘ 使用选择工具在画面中单击"春天"文字，以选择文字，然后按【Alt】键将文字向左上方拖移，到达适当位置后松开左键，以复制一个副本，如图8-149所示。

图8-149 选择对象

㉙ 使用选择工具选择原文字，在【颜色】面板中设置填色为C：86，M：43.5，Y：87.5，K：4.8，如图8-150所示。

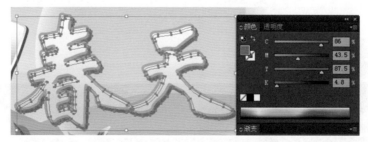

图8-150 复制对象并改变填充颜色

㉚ 从【符号】面板中拖出一只蝴蝶到画面的适当位置，如图8-151所示，接着在键盘上按【Ctrl＋[ ]键将其排放到适当位置，如图8-152所示。

图8-151　置入符号实例　　　　　　　　　图8-152　改变排列顺序

31 在工具箱中选择 **T** 文字工具，在画面的适当位置单击显示光标后，在控制栏的【字符】面板中设置【字体】为华文新魏，【字体大小】为24pt，如图8-153所示，然后在画面的适当位置单击并输入"中国中西部春季服装交易会"文字，再选择直接选择工具，确认文字输入，然后在【颜色】面板中设置填色为"C：47.45，M：100，Y：52.16，K：3.14"，如图8-154所示。

图8-153　【字符】面板

图8-154　输入文字

32 在菜单中执行【文字】→【创建轮廓】命令，将文字转换为轮廓，再在菜单中执行【对象】→【路径】→【偏移路径】命令，显示【偏移路径】对话框，在其中设置【位移】为0.5mm，其他不变，如图8-155所示，单击【确定】按钮，得到如图8-156所示的结果。

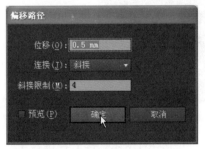

图8-155　【偏移路径】对话框

图8-156　偏移路径后的效果

33 按【Ctrl + +】键将画面放大，使用直接选择工具分别选择文字内部轮廓，再在【颜色】面板中将填色设置为白色，填充好颜色后的效果如图8-157所示。

图8-157　改变填充颜色

34 使用前面同样的方法在画面的其他位置输入所需的文字，并根据需要将文字转换为轮廓，再进行颜色填充，输入与调整好后的效果如图8-158所示。

35 使用选择工具在画面中框选所有对象，再按【Ctrl + G】键将它们编组，如图8-159所示。接着在工具箱中选择■矩形工具，在画面中绘制一个矩形，将需要的部分框住，再在工具箱中切换描边与填色，得到如图8-160所示的结果。

图8-158　输入文字

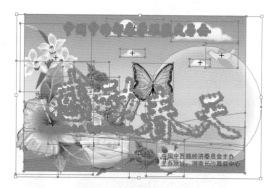

图8-159　选择并编组对象

图8-160　绘制矩形

36 在画面中选择所有对象，显示【图层】面板，在其中单击■按钮，如图8-161所示，建立剪切蒙版，得到如图8-162所示的效果。POP广告设计就制作完成了。

图8-161　建立剪切蒙版

图8-162　最终效果图

8.6　宣传单设计

应用领域

在制作报刊、杂志、广告设计和商品介绍时，可以使用本例"宣传单设计"中的制作方法。如图8-163所示为实例效果图，如图8-164所示为类似范例的实际应用效果图。

图8-163　宣传单设计最终效果图

图8-164　精彩效果欣赏

设计思路

先新建一个文档，再使用矩形工具、【颜色】面板、转换锚点工具、改变形状工具、圆角矩形工具、【外发光】、【渐变】面板、【置入】等工具与命令绘制背景，接着使用文字工具、【置入】、直线段工具、椭圆工具、选择工具、【颜色】面板、编组、矩形工具、【打开】等工具与命令为画面添加主题与相关文字说明，以及公司标志等。如图8-165所示为制作流程图。

① 绘制一个矩形

② 绘制相应的辅助形

③ 置入图片并排放到适当位置

④ 输入文字并排放到适当位置

⑤ 分别置入已准备好的标志

⑥ 最终效果图

图8-165 制作流程图

操作步骤

01 按【Ctrl + N】键新建一个文档，在工具箱中选择矩形工具，在画面上单击弹出【矩形工具】对话框，在其中设置【宽度】为130mm，【高度】为200mm，单击【确定】按钮，即可得到一个矩形，显示【颜色】面板，在其中设置填色为"C：85，M：61，Y：27，K：52"，描边为无，效果如图8-166所示。

02 使用矩形工具沿着深蓝色矩形画一个如图8-167所示的小矩形，并填充颜色为"C：92，M：20，Y：0，K：18"。

图8-166　绘制矩形并填充颜色　　　　　　图8-167　绘制矩形并填充颜色

03 在工具箱中选择 ▶ 转换锚点工具，单击小矩形右上角的控制点，将该点转为曲线控制点，如图8-168所示。

04 在工具箱中选择 ▶ 改变形状工具，将指针指向小矩形右边中间处，按下左键向左拖动到适当位置，松开鼠标左键得到如图8-169所示的效果。

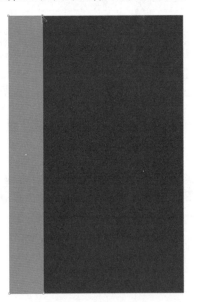
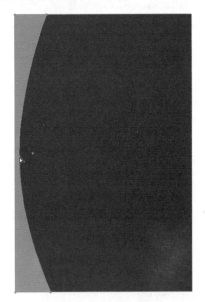

图8-168　转换控制点　　　　　　图8-169　调整形状

05 在工具箱中选择 ▣ 圆角矩形工具，在画面上画一个圆角矩形，显示【渐变】面板，在【渐变】面板中设置左边色标的颜色为白色，右边色标的颜色为"C：84，M：61，Y：27，K：52"，然后将它们拖至位置16.29%处重叠，得到如图8-170所示的效果。

06 在菜单中执行【效果】→【风格化】→【外发光】命令，弹出【外发光】对话框，在其中进行参数设置，如图8-171所示，得到如图8-172所示的效果。

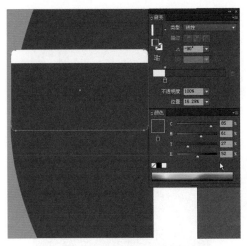

图8-170　绘制圆角矩形并渐变填充　　图8-171　【外发光】对话框　图8-172　添加外发光后的效果

07 使用选择工具选择渐变圆角矩形，在按住【Alt + Shift】键的同时将指针指向矩形上，并按下左键向下拖到适当位置，松开鼠标左键即可复制一个圆角矩形，效果如图8-173所示。

08 在【渐变】面板中设置右边的色标颜色为"C：13，M：12，Y：83，K：2"，得到如图8-174所示的效果。

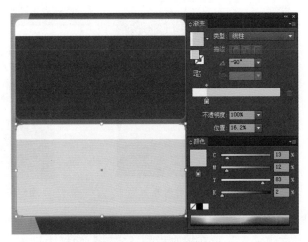

图8-173　拖动并复制对象　　　　　　图8-174　改变渐变颜色

09 在菜单中执行【文件】→【置入】命令，弹出【置入】对话框，在其中选择要置入的文件，如图8-175所示，选择好后单击【置入】按钮，弹出【Photoshop 导入选项】对话框，直接单击【确定】按钮，如图8-176所示，即可置入一张图片，将其放到适当的位置，画面效果如图8-177所示。

10 在工具箱中选择T文字工具，在画面的上面单击并输入"飞山"文字，按【Ctrl】键在文字上单击确认文字输入，在控制栏的【字符】面板中设置【字体】为文鼎CS行楷，【字体大小】为70pt，在控制栏的【颜色】面板中设置填色为白色，如图8-178所示。

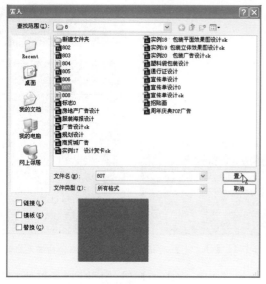

图8-175 【置入】对话框

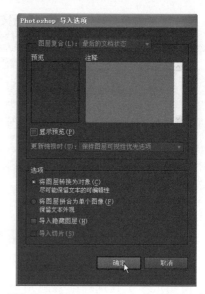

图8-176 【Photoshop 导入选项】对话框

图8-177 置入的图片

图8-178 输入文字并设置字符格式

⓫ 在"飞山"文字的后面单击并输入"不老泉"文字,按【Ctrl】键在文字上单击确认
文字输入,再在控制栏的【字符】面板中设置【字体】为华文行楷,【字体大小】为
36pt,画面效果如图8-179所示。

图8-179 输入文字

⑫ 在"飞山"文字的下方单击并输入"纯净水——喝出来的品牌"文字，按【Ctrl】键
   在文字上单击确认文字输入，再在控制栏的【字符】面板中设置【字体】为文鼎CS大
   黑，【字体大小】为18pt，如图8-180所示。

⑬ 使用文字工具在圆角矩形白色部分，单击并输入"以超强生产力为企业基础"，按
   【Ctrl】键在文字上单击确认文字输入，选择文字后在【字符】面板中设置所需的选
   项，具体参数如图8-181右所示，在【颜色】面板中设置填色为"C：95，M：60，
   Y：5，K：5"，画面效果如图8-181左所示。

图8-180 输入文字   图8-181 输入文字

⑭ 使用文字工具在圆角矩形白色部分，单击并输入"以创新科技为企业源动力 以消费者
   信赖产品为基准"文字，按【Ctrl】键在文字上单击确认文字输入，在【字符】面板中
   设置所需的选项，如图8-182所示。

⑮ 使用文字工具在画面上拖动出一个文本框，在【字符】面板中设置所需的选项，然后
   在其中输入相应的文字（可以在输入完一句后按【Enter】键另起一行），输入完相应
   的文字后，按【Ctrl】键在文字上单击确认文字输入，并在【颜色】面板中设置填色为
   白色，效果如图8-183左所示。

图8-182 输入文字   图8-183 输入文字

⑯ 使用同样的方法在下面圆角矩形适当的位置拖出一个文本框，在其中输入相应的文
   字，并设置填充颜色为蓝色，效果如图8-184所示。

⑰ 在菜单中执行【文件】→【置入】命令，置入已准备好的标志（配套光盘\素材库\
   8\808.jpg），并将它放到如图8-185所示的位置。

⑱ 使用文字工具在标志的上方单击并输入"消费者信赖产品"文字，按【Ctrl】键在文字

上单击确认文字输入，然后在【字符】面板中设置所需的选项，接着在【颜色】面板中设置填充颜色为黑色，画面效果如图8-186左所示。

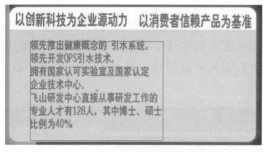

图8-184　输入文字

图8-185　置入标志

图8-186　输入文字

⑲ 在工具箱中选择 ／ 直线段工具，按【Shift】键在标志的左边画一条垂直线，在【描边】面板中设置所需的参数，如图8-187所示。

⑳ 从工具箱中选择 ◯ 椭圆工具，在画面的空白处按住【Shift】键画一个正圆，并在【渐变】和【颜色】面板中编辑所需的渐变，如图8-188所示。

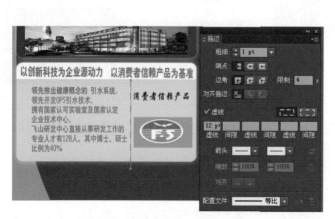

图8-187　使用直线段工具绘制线段

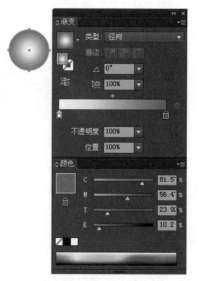

图8-188　使用椭圆工具绘制圆形

提 示

【渐变】面板中左边色标的颜色为白色；右边色标的颜色为"C：81.5，M：56.4，Y：23.9，K：10.2"。

㉑ 将制作的圆缩小并排放到相应文字的前面，然后按【Alt + Shift】键进行复制，并排放到相应文字的前面，如图8-189所示。

㉒ 在菜单中执行【文件】→【打开】命令，打开已准备好的标志（配套光盘\素材库\8\标志01.ai），将它复制到作品中，然后将其排放到如图8-190所示的位置。

图8-189　拖动并复制对象

图8-190　打开并复制对象

㉓ 使用文字工具在画面上的底部，单击并输入公司名称和联系方式，将其颜色设置为白色，大小视需而定，然后对整个画面进行调整，效果如图8-191所示。作品就制作完成了。

图8-191　绘制好的最终效果图

8.7 招贴画

应用领域

在制作产品推介单、宣传单、海报、报刊杂志、包装设计时，可以使用本例"招贴画"中的制作方法。如图8-192所示为实例效果图，如图8-193所示为类似范例的实际应用效果图。

图8-192 招贴画最终效果图

图8-193 精彩效果欣赏

设计思路

先新建一个文档，再使用矩形工具、【复制】、【粘到前面】、椭圆工具、选择工具、【交集】、【渐变】与【颜色】面板、钢笔工具、【描边】面板、拖动并复制、混合工具等工具与命令绘制背景，然后使用【置入】、【建立剪切蒙版】、【排列】、钢笔工具、矩形工具、旋转工具、拖动并复制、文字工具等工具与命令添加主题与装饰对象，以及相关文字。如图8-194所示为制作流程图。

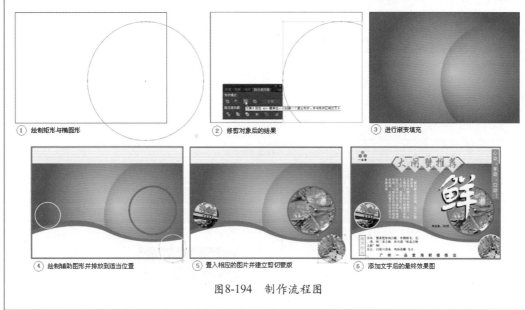

① 绘制矩形与椭圆形　　② 修剪对象后的结果　　③ 进行渐变填充

④ 绘制辅助图形并排放到适当位置　　⑤ 置入相应的图片并建立剪切蒙版　　⑥ 添加文字后的最终效果图

图8-194　制作流程图

操作步骤

01 按【Ctrl＋N】键新建一个文档，在工具箱中选择■矩形工具，在画板中适当位置单击弹出【矩形】对话框，在其中设置【宽度】为170mm，【高度】为120mm，如图8-195所示，设置好后单击【确定】按钮，得到如图8-196所示的矩形。

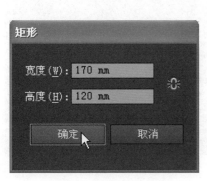

图8-195　【矩形】对话框

图8-196　绘制矩形

02 按【Ctrl＋C】键执行【复制】命令，再按【Ctrl＋F】键将副本粘贴到原对象的上一层，然后使用◎椭圆工具在矩形的右下部绘制一个圆形，如图8-197所示。

03 在工具箱中选择 ▣ 选择工具，按【Shift】键在画面中单击矩形，以同时选择它们，如图8-198所示，显示【路径查找器】面板，在其中单击 ▣（交集）按钮，即可将选择的对象进行修剪，如图8-199所示。

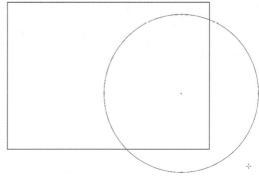

图8-197　绘制圆形

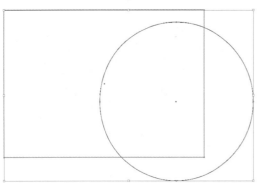

图8-198　选择对象

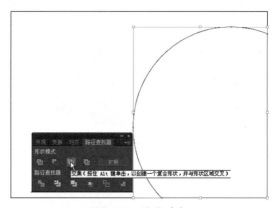

图8-199　修剪对象

04 使用选择工具在画面中单击矩形，以选择它，再在【渐变】面板中设置【类型】为径向，左边色标颜色为"C：43.14，M：0，Y：5.69，K：0"，右边色标颜色为"C：83.53，M：26.27，Y：91.37，K：40"，给矩形进行渐变填充，如图8-200所示。

05 在【渐变】面板中渐变图标上按下左键向修剪过的图形拖动，当指针呈 ▣ 状时松开左键，即可使用矩形的渐变对修剪的对象进行渐变填充，如图8-201所示。

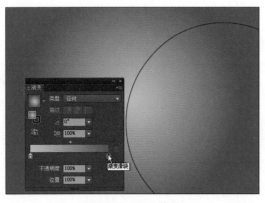

图8-200　渐变填充

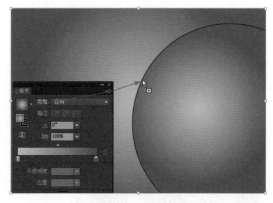

图8-201　渐变填充

06 在工具箱中选择 ▣ 渐变工具，按【Ctrl】键单击修剪所得的对象，以选择它，再在画面中拖动鼠标，给选择的对象进行渐变修改，修改后的结果如图8-202所示。然后在工具箱中将描边设为无，清除轮廓色，并在空白处单击取消选择，得到如图8-203所示的效果。

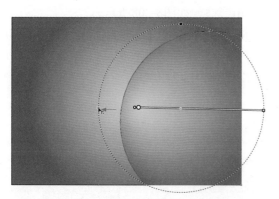

图8-202 编辑渐变

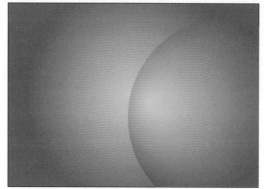

图8-203 取消选择后的效果

07 在工具箱中选择矩形工具，再在画面中沿着矩形的上边绘制一个矩形，使其宽度与原来矩形的宽度相等，绘制好后的结果如图8-204所示。

08 在工具箱中选择✐钢笔工具，在画面的底部绘制一个图形，如图8-205所示，再单击选择工具，按【Ctrl＋C】键与【Ctrl＋F】键复制一个副本，然后拖动上边中间控制柄向下，以将其缩小，缩小后的结果如图8-206所示。

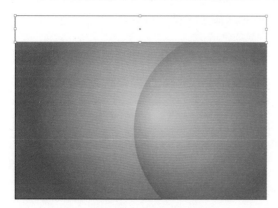

图8-204 绘制矩形

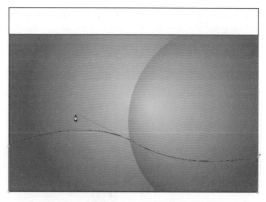

图8-205 绘制图形

09 在【颜色】面板中设置描边为无，填色为白色，再选择使用钢笔工具绘制的原对象，在【颜色】面板中设置描边为无，填色为红，在空白处单击取消选择，得到如图8-207所示的效果。

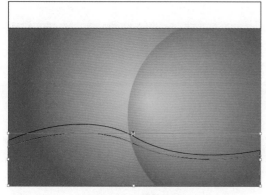

图8-206 绘制图形

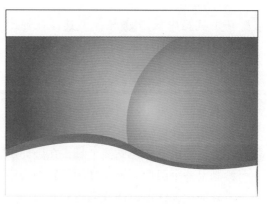

图8-207 填充颜色

⑩ 选择矩形工具，在画面中沿着大矩形绘制一个矩形框，如图8-208所示。

⑪ 在【颜色】面板中设置描边为红色，在【描边】面板中设置【粗细】为4pt，将矩形的轮廓加粗，如图8-209所示。使用选择工具在画面中单击上边的矩形，以选择它，然后在【颜色】面板中设置描边为无，将轮廓色清除，如图8-210所示。

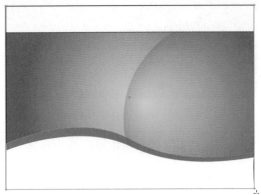

图8-208　绘制矩形框

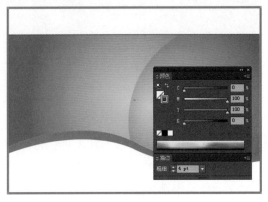

图8-209　设置描边颜色

⑫ 从工具箱中选择钢笔工具，在画面中的顶部绘制一条直线，在【颜色】面板中设置描边为"C：50，M：0，Y：100，K：0"，将直线的描边色进行更改，如图8-211所示。

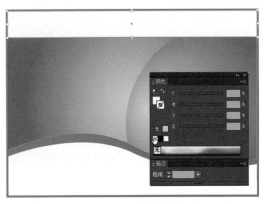

图8-210　清除轮廓色

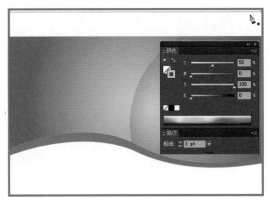

图8-211　绘制直线

⑬ 从工具箱中单击选择工具，按【Alt】键在直线上按下左键向下拖动，以复制一条直线，如图8-212所示。

⑭ 在工具箱中双击混合工具，在弹出的【混合选项】对话框中设置【间距】为指定的步数，其步数为8，如图8-213所示，单击【确定】按钮，然后分别在两条直线上单击，将两条直线混合，结果如图8-214所示。

⑮ 在工具箱中选择椭圆工具，在画面中绘制出一个圆形，再在【颜色】面板中设置描边为红色，在【描边】面板中设

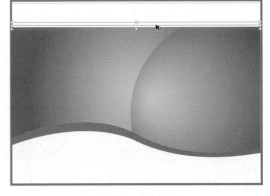

图8-212　复制直线

置【粗细】为5.25pt，如图8-215所示，得到如图8-216所示的效果。

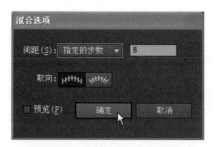

图8-213 【混合选项】对话框

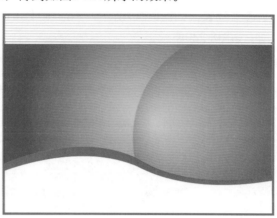

图8-214 混合效果

图8-215 【颜色】面板

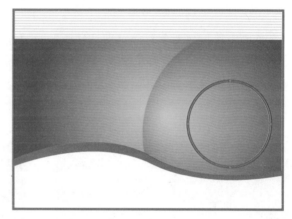

图8-216 绘制圆形

⓰ 在画面中依次再绘制两个圆，并分别设置其描边为白色，【粗细】为2pt，效果如图8-217所示。

⓱ 在菜单中执行【文件】→【置入】命令，在弹出的【置入】对话框中选择要置入的文件，再取消【链接】选项的勾选，单击【置入】按钮，即可将所需的图片置入到画面中，如图8-218所示。

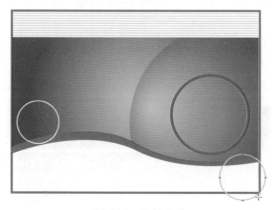

图8-217 绘制圆形

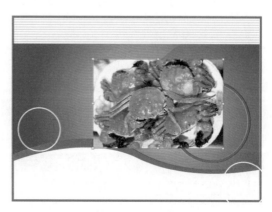

图8-218 置入图片

18 按【Ctrl + [】键将其向下排放到红色圆圈的下层，再单击图片，以选择它，将其排放到适当位置，如图8-219所示，然后按【Shift】键单击红色圆圈，同时选择图片与圆圈，如图8-220所示。

图8-219　排列对象　　　　　　　　　　　　图8-220　选择对象

19 在菜单中执行【对象】→【剪切蒙版】→【建立】命令，由圆圈对图片进行蒙版，将不需要的部分隐藏，建立蒙版后的效果如图8-221所示。然后在【颜色】面板中将圆路径的描边设为红色，粗细设为4pt，得到如图8-222所示的效果。

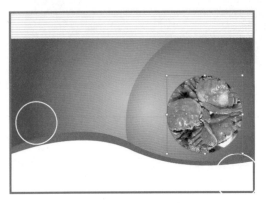

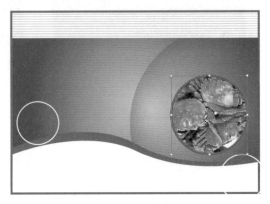

图8-221　建立剪切蒙版　　　　　　　　　　图8-222　加粗轮廓线

20 从配套光盘的素材库中置入两张图片，并分别放到适当位置，如图8-223所示。然后分别按【Ctrl + [】键将其排放到白色圆圈的下层，放好后的效果如图8-224所示。

图8-223　置入图片　　　　　　　　　　　　图8-224　排列对象

㉑ 使用前面同样的方法将它们由圆圈建立蒙版,隐藏图片中不需要的部分,再按【Ctrl +
G】键将它们分别编组,以便于再次进行蒙版或编辑,结果如图8-225所示。

㉒ 按【Shift】键单击另一个编组对象,在控制栏的 描边 2pt 中设置描边粗组为2pt,将描
边重新显示,结果如图8-226所示。

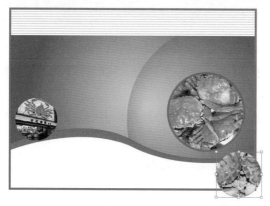

图8-225 建立剪切蒙版   图8-226 加粗轮廓线

㉓ 使用矩形工具在画面中右下角处绘制一个矩形,如图8-227所示,再按【Shift】键单击
右下角的蒙版编组对象,以同时选择它们,如图8-228所示,然后在菜单中执行【对
象】→【剪切蒙版】→【建立】命令,即可由矩形建立蒙版,将不需要的部分隐藏,
隐藏后的效果如图8-229所示。

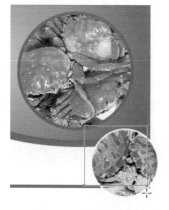 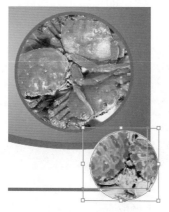 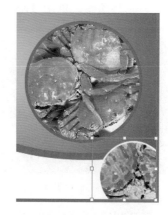

图8-227 绘制矩形   图8-228 选择对象   图8-229 建立剪切蒙版

㉔ 使用矩形工具在画面的上部绘制一个
稍小一点的矩形,在【颜色】面板中
设置描边为红色,在【描边】面板中
设置【粗细】为3pt,将矩形的描边设
为红色,如图8-230所示。

㉕ 在工具箱中选择 钢笔工具,移动指
针到矩形的左边轮廓线的中间位置单
击添加一个锚点,如图8-231所示,再
按【Ctrl】键将该锚点向左拖至适当位

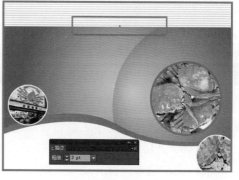

图8-230 绘制矩形

置，结果如图8-232所示。

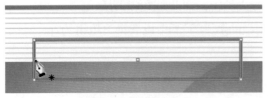
图8-231　编辑矩形

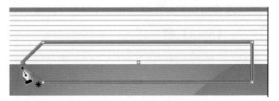
图8-232　编辑矩形

㉖ 使用上步同样的方法，在矩形的右边中间位置单击添加一个锚点，同样按【Ctrl】键将其向右拖至适当位置，结果如图8-233所示。

㉗ 使用矩形工具在刚调整的图形上绘制一个正方形，在【颜色】面板中设置描边为无，填色为黄色，得到如图8-234所示的效果。

图8-233　编辑矩形

图8-234　绘制正方形

㉘ 在工具箱中双击 ▣ 旋转工具，弹出【旋转】对话框，在其中设置【角度】为45°，如图8-235所示，单击【确定】按钮，即可将正方形旋转为菱形，结果如图8-236所示。

图8-235　【旋转】对话框

图8-236　旋转后的效果

㉙ 按【Alt】键将其向右拖动到适当位置，以复制一个副本，如图8-237所示，再按【Ctrl＋D】键再制三个副本，结果图8-238所示。

图8-237　复制对象

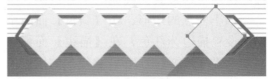
图8-238　再制对象

㉚ 在工具箱中选择 ▣ 文字工具，在画面中第1个菱形上单击并输入"大闸蟹推荐"文字，按【Ctrl＋A】键全选文字，在控制栏中设置所需的参数，如图8-239所示，单击选择工具确认文字输入，得到如图8-240所示的文字效果。

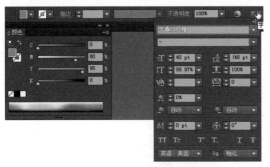

图8-239 【控制】选项栏

图8-240 输入文字

31 使用文字工具在菱形的右下方单击并输入"鲜"字，按【Ctrl + A】键全选文字，再在控制栏中设置所需的参数，如图8-241所示，单击选择工具确认文字输入，得到如图8-242所示的文字效果。

图8-241 【字符】面板

图8-242 输入文字

32 按【Ctrl + C】键，再按【Ctrl + F】键复制一个副本，然后将副本向右上方拖动一点点，填充颜色为白色，得到如图8-243所示的效果。

33 使用矩形工具在文字的右边适当位置绘制一个小矩形，在控制栏的【色板】面板中设置填色为"C：85，M：10，Y：100，K：10"，绘制好后的效果如图8-244所示。

图8-243 复制文字

图8-244 绘制矩形

34 使用文字工具在画面中适当位置依次输入所需的文字，根据需要设置所需的字体、字体大小与字体颜色，输入好文字后的画面效果如图8-245所示。

㉟ 使用文字工具在画面中适当位置拖出一个文本框，如图8-246所示，在其中输入所需的文字，然后根据需要设置其字体、字体大小与字体颜色，输入好文字后的效果如图8-247所示。

图8-245　输入文字

图8-246　拖出文本框

㊱ 使用矩形工具在画面中拖出一个矩形框，框住"海洋珍品"几个文字，在控制栏中设置其描边为红色，粗细为2pt，绘制好后的效果如图8-248所示。招贴画就制作完成了。

图8-247　输入文字

图8-248　最终效果

8.8 商贸城广告设计

 应用领域

在制作海报、室外效果图、房地产广告时，可以使用本例"商贸城广告设计"中的制作方法。如图8-249所示为实例效果图，如图8-250所示为类似范例的实际应用效果图。

图8-249 商贸城广告设计最终效果图

图8-250 精彩效果欣赏

设计思路

先新建一个文档，再使用矩形工具、钢笔工具、【透明度】面板、【颜色】面板、拖动并复制、混合工具等工具与命令绘制背景，然后使用【置入】命令置入要宣传主题物，最后使用文字工具、【外发光】、矩形工具、【后移一层】等工具与命令添加主题文字与装饰对象。如图8-251所示为制作流程图。

① 绘制一个矩形

② 绘制辅助图形

③ 绘制并复制辅助图形

④ 置入图片并排放到适当位置

⑤ 输入文字并排放到适当位置

⑥ 最终效果图

图8-251 制作流程图

操作步骤

01 按【Ctrl＋N】键新建一个文件，在【颜色】面板中设置填色为"C：96，M：59，Y：0，K：0"，描边为无，如图8-252所示。

02 从工具箱中选择 矩形工具，在画面上单击弹出【矩形】对话框，在其中设置【宽度】为230mm，【高度】为192mm，单击【确定】按钮，得到如图8-253所示的矩形。

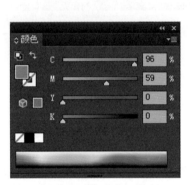

图8-252 【颜色】面板

图8-253 绘制矩形

03 在工具箱中选择 钢笔工具，在矩形的左上角勾画出一个图形，在【颜色】面板中设置填色为"C：64，M：16，Y：0，K：0"，如图8-254所示。

04 显示【透明度】面板，在其中设置【不透明度】为63%，如图8-255所示。

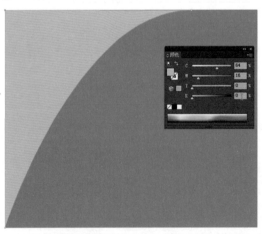

图8-254 使用钢笔工具勾画图形

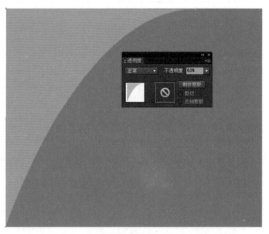

图8-255 设置不透明度

05 在矩形的右上角勾画出一个弧形，在【颜色】面板中设置填色为"C：90，M：25，Y：2.4，K：0"，画面效果如图8-256所示。

06 在工具箱中单击选择工具，在按【Alt＋Shift】键的同时按下鼠标左键向下拖动到适当位置，松开鼠标左键和键盘后，就可复制一个刚绘制的图形，如图8-257所示。

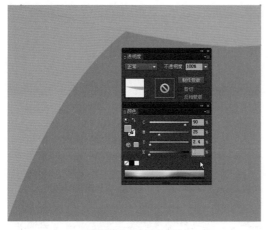

图8-256　勾画弧形

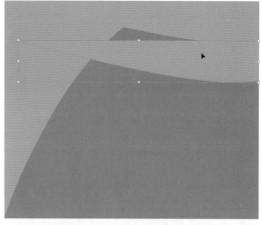

图8-257　复制并拖动图形

07 在工具箱中单击选择工具，移动鼠标指针到变换框左边，当指针成 状时，向矩形的最左边拖动，得到如图8-258所示的效果。

08 按【Alt + Shift】键向下分别拖动三次，以进行适当排列，连续复制三个图形，得到如图8-259所示的结果。

图8-258　调整图形

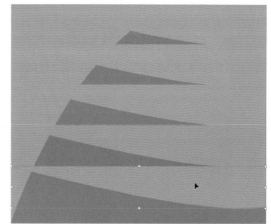

图8-259　复制并拖动图形

09 在菜单中执行【文件】→【置入】命令，在弹出的对话框中选择要置入的图片，单击【置入】按钮；弹出如图8-260所示的【Photoshop 导入选项】对话框，单击【确定】按钮，然后将置入的图片拖到矩形的最下端，如图8-261所示。

10 在工具箱中选择 T 文字工具，在控制栏中设置填色为CMYK青，描边为白色，在【字符】面板中设置【字体】为华文行楷，【字体大小】为87.4pt，在矩形的上方中间单击并输入"和谐商贸城"，如图8-262所示。

图8-260　【Photoshop 导入选项】对话框

图8-261　置入图片

图8-262　输入文字

⑪ 在工具箱中单击选择工具确认文字输入，接着在菜单中执行【效果】→【风格化】→【外发光】命令，弹出如图8-263所示的【外发光】对话框，设置【模式】为滤色，颜色为#F7F4D0，【不透明度】为75%，【模糊】为1.76mm，单击【确定】按钮，得到如图8-264所示的效果。

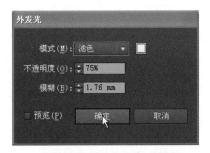

图8-263　【外发光】对话框

图8-264　添加外发光后的效果

⑫ 在工具箱中选择文字工具，在矩形的中上部拖出一个文本框，在控制栏中设置填色为白色，在【字符】面板中设置【字体】为宋体，【字体大小】为12pt，然后在文本框中输入所需的文字，如图8-265所示。

⑬ 在文本框中选择"新模式："文字，在控制栏中设置填色为黑色，在【字符】面板中设置【字体】为黑体，【字体大小】为14pt，其他不变，得到如图8-266所示的效果。

图8-265　输入文字

图8-266　编辑文字

⑭ 使用同样的方法设置"强联手："，"大型时尚晚会："的【字体】为黑体，【字体
大小】为14pt，效果如图8-267所示。

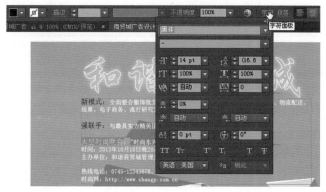

图8-267　编辑文字

⑮ 在工具箱中选择▣矩形工具，在黑色"新模式："文字上绘制出一个矩形，然后在【颜
色】面板中设置填色为"C：2.8，M：2，Y：50，K：0"，描边为无，如图8-268所示。

⑯ 在键盘上按【Ctrl＋[ ]】键将矩形向后移一层，得到如图8-269所示的效果。

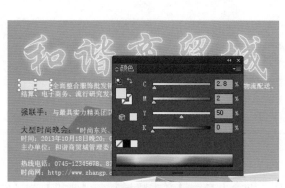

图8-268　绘制矩形

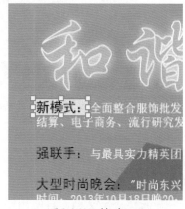

图8-269　排列矩形

⑰ 使用同样的方法将"强联手"文字，"大型时尚晚会"文字加上黄色底纹，作品就制
作完成了，如图8-270所示。

图8-270　最终效果图

8.9 贺卡设计

应用领域

　　在制作海报、广告招贴、风景画时，可以使用本例"贺卡设计"中的制作方法。如图8-271所示为实例效果图，如图8-272所示为类似范例的实际应用效果图。

图8-271　贺卡设计最终效果图

图8-272　精彩效果欣赏

设计思路

　　先新建一个文档，再使用矩形工具、钢笔工具、【置于底层】、【颜色】与【渐变】面板等工具与命令绘制背景，然后使用钢笔工具、拖动并复制、选择工具、符号库、【打开】等工具与命令为画面添加人物、植物、房子与圣诞树等，最后使用文字工具输入祝贺用语。如图8-273所示为制作流程图。

① 绘制一个矩形   ② 绘制远近的地形结构   ③ 绘制云和树木

④ 从【符号】面板中拖动房子到   ⑤ 打开前面做好的雪人、圣诞树、卡通人物，将它们复制到随当位置   ⑥ 添加文字后的最终效果图

图8-273 制作流程图

操作步骤

01 按【Ctrl + N】键新建一个文档，在工具箱中选择矩形工具，在绘图区中绘制一个矩形来确定画面的大小，如图8-274所示。

02 在工具箱中选择钢笔工具，在画面中勾画出表示地面的图形，在【渐变】面板中设置左边色标的颜色为"C：27.34，M：27.34，Y：27.34，K：27.34"，中间色标的颜色为白色，右边色标的颜色为"C：30.86，M：27.34，Y：

图8-274 绘制矩形

27.34，K：27.34"，如图8-275所示，得到如图8-276所示的效果。

03 使用钢笔工具在画面中勾画出表示地面的图形，在【渐变】面板中拖动中间的色标到28.09%位置调整渐变；按【Ctrl + Shift + [】键将所选图形排放到最下面，如图8-277所示。

04 使用钢笔工具在画面中勾画出表示地面的图形，在【渐变】面板中拖动中间的色标到15.73%位置调整渐变；按【Ctrl + Shift + [】键将所选图形排放到最下面，如图8-278所示。

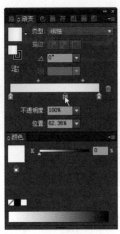

图8-275 编辑渐变

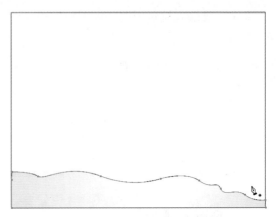

图8-276 勾画表示地面的图形

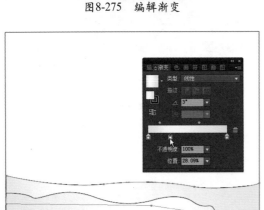

图8-277 勾画表示地面的图形

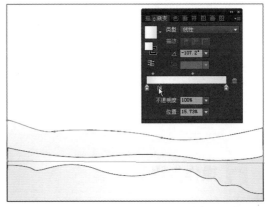

图8-278 勾画表示地面的图形

05 在工具箱中选择 ■ 矩形工具，在画面中适当的位置画一个矩形，在【渐变】面板中设置左边色标的颜色为白色，右边色标的颜色为"C：30.86，M：5.08，Y：13.67，K：0"，如图8-279所示，按【Ctrl + Shift + [】键将所选图形排放到最下面。

06 使用钢笔工具在画面上勾画出表示地面的图形，在【渐变】面板中设置左边色标的颜色为"C：14.84，M：7.81，Y：8.98，K：0"，中间色标的颜色为白色；右边色标的颜色为"C：17.19，M：8.98，Y：9.38，K：0"，

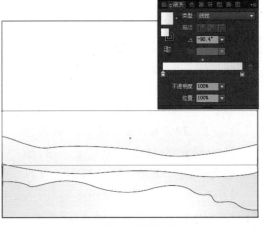

图8-279 绘制矩形

渐变角度为－135.9°。按【Ctrl + Shift + [】键将所选图形排放到最下面，如图8-280所示。同样，使用钢笔工具分别勾画出如图8-281所示的图形，并进行相同颜色的渐变，再在【渐变】面板中改变角度。

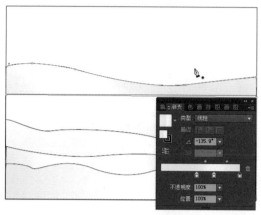

图8-280 绘制图形

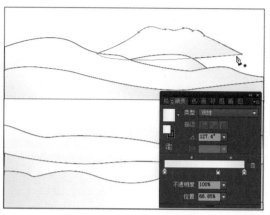

图8-281 绘制图形

07 使用钢笔工具在画面中勾画出表示地面及山坡的图形，在【渐变】面板中设置左边的颜色为"C：14.84，M：7.81，Y：8.98，K：0"，中间的颜色为白色，右边的颜色为"C：32.81，M：14.45，Y：10.94，K：0"，渐变角度为17.4°。使用钢笔工具分别勾画出如图8-282所示的图形，并进行相同颜色的渐变与按【Ctrl + [】键改变其排放位置，再在【渐变】面板中改变角度。

08 使用选择工具在画面中选择最大的矩形，然后在【渐变】面板中设置所需的渐变颜色，按【Ctrl + Shift + [】键将所选矩形排放到最底层，如图8-283所示。

图8-282 绘制地面山坡

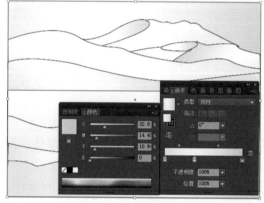

图8-283 编辑渐变

09 在画面上框选已画好的图形，在【颜色】面板中设置描边为无，如图8-284所示。

10 在画面的空白处单击取消选择，用钢笔工具在画面中如图8-285所示的位置勾画出云朵图形，并填充颜色为白色。在工具箱中单击选择工具，按【Alt】键拖动到云朵到所需的位置，以复制一朵白云。然后使用同样的方法再复制出几朵白云，复制好的效果如图8-286所示。

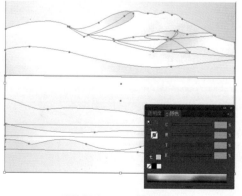

图8-284 设置描边为无

图8-285 绘制云朵

图8-286 复制出几朵白云

⑪ 使用钢笔工具在画面上如图8-287所示的位置勾画出树叶，并填充颜色为"C：80.86，M：27.73，Y：91.41，K：0"。同样使用钢笔工具勾画出如图8-288所示的树干，填充颜色为"C：41.8，M：82.42，Y：100，K：6.64"。

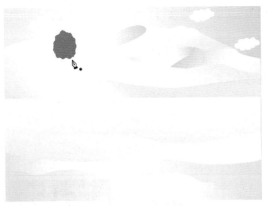

图8-287 绘制树叶

图8-288 绘制树干

⑫ 使用选择工具按【Shift】键选择整棵树，按【Alt】键分别拖动几次，以复制几棵树，复制好后的效果如图8-289所示。

⑬ 使用选择工具选择要调整大小的树叶，再按【Shift】键选择树杆，以同时选择这棵树，然后将其拖大，拖大后的效果如图8-290所示。

图8-289 复制几棵树

图8-290 调整树的大小

⑭ 先取消选择，再选择要改变颜色的树叶，接着在【颜色】面板中设置填色为"C：49.22，M：3.91，Y：81.25，K：0"。同样选择另一棵树的树叶，并填充颜色为"C：39.06，M：1.17，Y：70.7，K：0"，如图8-291所示。

⑮ 在【符号】面板中单击右上角的小三角形，在弹出的菜单中单击【打开符号库】命令，接着在弹出的菜单中选择【徽标元素】命令，如图8-292所示，打开【徽标元素】符号库，在其中拖动房子到如图8-293所示的位置。

图8-291 改变树叶的颜色　　　　　　图8-292 【符号】面板

⑯ 在画面中拖动对角控制柄向外至适当位置，将房子拖大并移动到所需的位置，如图8-294所示。

图8-293 拖动符号到适当位置　　　　图8-294 将房子拖大

⑰ 打开前面做好的圣诞树，将它复制到画面中并放到如图8-295所示的位置，按【Alt】键分别拖动圣诞树到如图8-296所示的位置并进行大小调整。

⑱ 打开前面做好的雪人，将它复制到画面中并放到如图8-297所示的位置。

⑲ 在工具箱中单击选择工具，在画面中单击要选择的对象，再按【Shift】键单击同一组要调整顺序的对象，然后按【Ctrl＋Shift＋]】键将所选图形排放到最上面，如图8-298所示。

中文版

图8-295　打开并复制圣诞树到画面中

图8-296　复制圣诞树

图8-297　打开并复制雪人到画面中

图8-298　将雪人放到适当位置

⑳ 打开前面做好的卡通人物，将它复制到画面中并放到如图8-299所示的位置。

㉑ 使用钢笔工具在画面中房屋顶上勾画出表示积雪的图形，并填充颜色为白色，如图8-300所示。使用同样的方法分别在不同树上与房子上也勾画积雪图形，如图8-301所示。

图8-299　打开并复制卡通人物到画面中

图8-300　绘制表示积雪的图形

㉒ 使用文字工具在画面中适当的位置单击并输入"MERRY CHRISTMAS"文字，在控制栏中设置所需的字体、字体大小与颜色，如图8-302所示。贺卡就设计完成了。

图8-301　绘制表示积雪的图形　　　　　　　图8-302　最终效果图

8.10 塑料袋包装设计

应用领域

在制作礼品袋、包装、海报、广告设计时，可以使用本例"塑料袋包装设计"中的制作方法。如图8-303所示为实例效果图，如图8-304所示为类似范例的实际应用效果图。

图8-303　塑料袋包装设计最终效果图　　　　　图8-304　精彩效果欣赏

设计思路

先新建一个文档，再使用钢笔工具、【颜色】与【渐变】面板、椭圆工具、混合工具、选择工具、【不透明度】、矩形工具、拖动并复制等工具与命令绘制塑料包装袋，然后使用钢笔工具、选择工具、【颜色】面板、【后移一层】、【置入】、矩形工具、【建立剪切蒙版】、文字工具、【偏移路径】、吸管工具、【颜色】面板、拖动并复制、直接选择工具、椭圆工具等工具与命令为画面添加产品图片、名称以及净含量与装饰对象。如图8-305所示为制作流程图。

① 绘制包装的结构并渐变填充

② 绘制出包装的凸凹部分

③ 绘制出包装的辅助图形

④ 置入图片并排放到适当位置

⑤ 输入文字并排放到适当位置

⑥ 对文字进行立体效果处理

⑦ 置入图片并建立剪切蒙版

⑧ 最终效果图

图8-305　制作流程图

操作步骤

01 按【Ctrl + N】键新建一个图形文件，在控制栏　　中设置描边颜色为黑色，【粗细】为0.5pt，再在工具箱中选择钢笔工具，然后在画板的适当位置绘制出包装的外形结构图，如图8-306所示。

02 显示【颜色】与【渐变】面板，在【颜色】面板中设置描边为无，再使填色为当前颜色设置，接着在【渐变】面板中添加色标并设置所需的渐变颜色，如图8-307所示，然后在工具箱中选择渐变工具，再在画面中拖动鼠标，以调整渐变的方向，调整后的效果如图8-308所示。

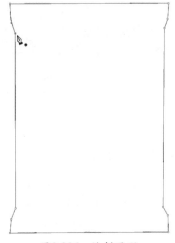

图8-306　绘制图形

图8-307 【颜色】与【渐变】面板

图8-308 改变渐变后的效果

提 示

　　左边色标的颜色为 "C：0.39，M：4，Y：65，K：0"；中间色标的颜色为 "C：0，M：88，Y：79.61，K：0"；右边色标的颜色为 "C：16，M：100，Y：100，K：21.96"。

03 在工具箱中选择◯椭圆工具，在画面中包装袋的顶边绘制出一个小圆形，再在【颜色】面板中设置填色为黑色，画面效果如图8-309所示，然后按【Alt + Ctrl + Shift】键将圆形向右拖动并复制一个副本，结果如图8-310所示。

图8-309 绘制圆形

图8-310 复制圆形

04 在工具箱中选择🔲混合工具，接着移动指针到一个圆形对象上，当指针呈🔲状时单击，再移动到另一个圆形对象上，当指针呈🔲状时单击，即可将两个圆形对象进行混合，结果如图8-311所示。

05 按【Ctrl + Alt】键将刚混合的对象向下拖动到包装袋的底边，以复制一组副本，结果如图8-312所示。

图8-311 混合对象

图8-312 复制混合对象

06 按【Ctrl + A】键全选，显示【路径查找器】面板，在其中单击🔲（减去顶层）按钮，如图8-313所示，即可使用圆形对象对包装袋进行修剪，修剪后的效果如图8-314所示。

图8-313 【路径查找器】面板 　　　　　　图8-314 修剪后的效果

07 在工具箱中选择钢笔工具，接着在包装袋的左侧绘制出一个侧面，如图8-315所示，然后绘制出其他几个侧面，使包装袋能够体现出立体效果，如图8-316所示。

图8-315 使用钢笔工具绘制图形 　　　　　图8-316 使用钢笔工具绘制图形

08 在工具箱中选择 选择工具，在画面中选择一个要进行渐变填充的侧面对象，再在【渐变】面板中设置所需的渐变，如图8-317所示。再选择另一个侧面，同样在渐变与【颜色】面板中设置所需的渐变，如图8-318所示。

> 提 示
>
> 色标①的颜色为"C：0.39，M：71，Y：65，K：0"；色标②的颜色为"C：0.36，M：73.38，Y：66.2，K：0"；色标③的颜色为"C：0，M：100，Y：79.61，K：0"；色标④的颜色为"C：0，M：100，Y：100，K：54"。

图8-317　选择对象并填充渐变颜色

图8-318　选择对象并填充渐变颜色

⑨ 使用选择工具在画面中选择一个要进行渐变填充的侧面对象，在【渐变】面板中设置左边色标的颜色为"C：0，M：100，Y：100，K：0"，右边色标的颜色为"C：0，M：100，Y：100，K：58"，如图8-319所示。再选择另一个侧面，同样在【渐变】与【颜色】面板中设置所需的渐变，如图8-320所示。

图8-319　选择对象并填充渐变颜色

图8-320　选择对象并填充渐变颜色

提 示

　　色标①的颜色为"C：0.39，M：71，Y：65，K：0"；色标②的颜色为"C：0，M：100，Y：79.61，K：0"；色标③的颜色为"C：0，M：100，Y：100，K：41"。

⑩ 使用钢笔工具在画面中绘制出一些图形，用来表示高光面，如图8-321所示；然后使用前面的方法分别对它们进行渐变填充，填充好颜色后的效果如图8-322所示。

图8-321　绘制图形

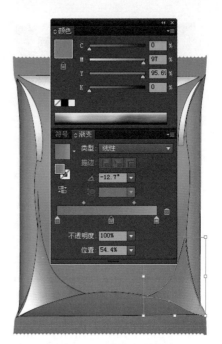

图8-322　填充渐变颜色

⓫ 使用选择工具在画面中框选刚绘制的所有对象，然后在【颜色】面板中设置描边为无，如图8-323所示。

⓬ 在画面的空白处单击取消选择，再按【Shift】键在画面中选择要更改不透明度的对象，然后在【透明度】面板中设置【不透明度】为50%，如图8-324所示。使用同样的方法对另外两个要改变透明度的对象进行不透明度更改，如图8-325所示。

图8-323　设置描边为无后的效果

图8-324　改变不透明度后的效果

⓭ 在工具箱中选择矩形工具，在包装袋的顶部绘制一个矩形，并使其描边为无，再在【颜色】与【渐变】面板中编辑所需的渐变，如图8-326所示。

图8-325 改变不透明度后的效果

图8-326 绘制矩形并填充渐变颜色

⑭ 使用矩形工具再绘制一条直线，同样使其描边为无，在【颜色】与【渐变】面板中编辑所需的渐变，如图8-327所示。

⑮ 按【Alt + Ctrl + Shift】键将直线向下拖动并复制一个副本，结果如图8-328所示。

图8-327 绘制矩形并填充渐变颜色

图8-328 复制对象

⑯ 使用选择工具选择这两条直线，在工具箱中双击 混合工具，弹出【混合选项】对话框，在其中设置【间距】为指定的步数，其步数为5，如图8-329所示，单击【确定】按钮，然后按【Alt + Ctrl + B】键将两条直线进行混合，混合后的效果如图8-330所示。

图8-329 【混合选项】对话框

图8-330 混合对象

⑰ 在工具箱中选择钢笔工具，接着在画面中绘制出一个图形，如图8-331所示，再按 【Ctrl＋Alt】键对刚绘制的图形进行复制，拖动并复制后的结果如图8-332所示。

图8-331 使用钢笔工具绘制图形

图8-332 拖动并复制对象

⑱ 在工具箱中选择选择工具，在空白处单击取消选择，再按【Shift】键选择两个要进行 修剪的图形，然后在【路径查找器】面板中单击█按钮，对选择的对象进行修剪，如 图8-333所示。

⑲ 按【Shift】键选择另一个对象，然后按【Ctrl＋G】键进行编组，在【颜色】面板中设 置描边为无，填色为"C：5，M：23，Y：89，K：0"，如图8-334所示。

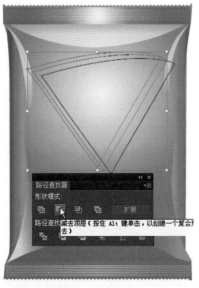

图8-333 修剪对象

图8-334 填充颜色

⑳ 按【Alt】键将其向下拖动到适当位置，以复制一组副本，再在【颜色】面板中设置填 色为黑色，如图8-335所示。然后按【Ctrl＋[】键将其向后移一层，在空白处单击取消 选择，得到如图8-336所示的效果。

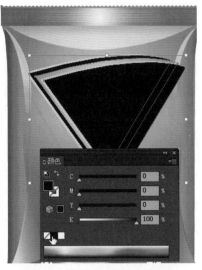

图8-335 复制对象并填充颜色

图8-336 改变排列顺序后的效果

㉑ 在菜单中执行【文件】→【置入】命令，在弹出的对话框中取消【链接】选项的勾选，再双击要置入的文件，即可将该文件置入到画面中，如图8-337所示。然后使用选择工具将其排放到适当位置，如图8-338所示。

㉒ 在工具箱中选择矩形工具，在画面中绘制出一个矩形框住需要的部分，如图8-339所示。

图8-337 置入的图片

图8-338 调整位置后的效果

图8-339 使用矩形工具绘制矩形

㉓ 在工具箱中选择选择工具，接着按【Shift】键在画面中单击人物，以同时选择这两个对象，如图8-340所示，在菜单中执行【对象】→【剪切蒙版】→【建立】命令，得到如图8-341所示的效果，在【颜色】面板中设置描边为无。

㉔ 在工具箱中选择 T 文字工具，在控制栏中设置填色为黑色，在【字符】面板中设置【字体】为华文新魏，【字体大小】为94pt。接着在画面的适当位置单击并输入"土"文字，再单击选择工具确认文字输入，结果如图8-342所示，然后使用文字工具

在画面的适当位置单击并输入一个"豆"字，如图8-343所示。

图8-340　选择对象

图8-341　建立剪切蒙版后的效果

㉕ 使用上步同样的方法在画面中分别输入所需的文字，根据需要设置字体、字体大小与字体颜色，输入好文字后的效果如图8-344所示。

图8-342　输入文字

图8-343　输入文字

图8-344　输入文字

㉖ 使用选择工具在画面中选择"土"字，再在菜单中执行【文字】→【创建轮廓】命令，将文字转换为轮廓，结果如图8-345所示。

㉗ 在菜单中执行【对象】→【路径】→【偏移路径】命令，弹出【偏移路径】对话框，在其中设置【位移】为"0.8mm"，其他不变，如图8-346所示，单击【确定】按钮，得到如图8-347所示的效果。

图8-345　将文字转换为轮廓

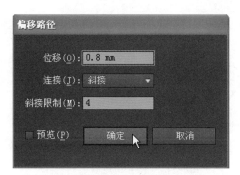

图8-346 【偏移路径】对话框

图8-347 偏移路径后的效果

28 在工具箱中选择 吸管工具，在画面中单击要吸取的颜色，使选择的文字应用所单击对象的颜色，如图8-348所示。

29 按【Alt】键将文字向左上方拖动到适当位置，以复制一个副本，如图8-349所示，然后选择下层的原对象，在【颜色】面板中设置填色为黑色，如图8-350所示。

图8-348 吸取渐变颜色

图8-349 复制对象

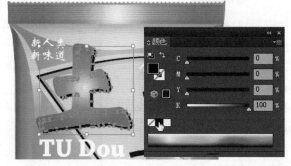

图8-350 填充颜色

30 在画面的空白处单击取消选择，再使用 直接选择工具，在画面中选择"土"字的内部轮廓，如图8-351所示，在【颜色】面板中设置描边为白色，如图8-352所示。

图8-351 选择路径

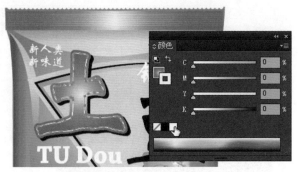

图8-352 设置描边颜色

31 使用上步同样的方法将"豆"字的内轮廓设为白色,设置好后的效果如图8-353所示。

32 使用选择工具在画面中选择要复制的文字,按下【Alt】键将它们向左上方拖动,以复制一组副本,然后在【颜色】面板中设置填色为黑色,如图8-354所示。

图8-353 编辑文字

图8-354 选择并复制文字

33 在菜单中执行【文件】→【置入】命令,在弹出的对话框中取消【链接】选项勾选,再双击要置入的文件,将该图片置入到文件中,然后将其放到适当位置,如图8-355所示。

34 在工具箱中选择 ⬤椭圆工具,接着在画面中刚置入的图片上绘制出一个圆形,如图8-356所示。

图8-355 置入图片

图8-356 绘制椭圆

㉟ 在工具箱中单击选择工具，按【Shift】键在画面中单击置入的图片，以同时选择圆形与图片，如图8-357所示，然后在菜单中执行【对象】→【剪切蒙版】→【建立】命令，得到如图8-358所示的效果，再在【颜色】面板中设置描边为黑色。

㊱ 在菜单中执行【文件】→【置入】命令，在弹出的对话框中选择要置入的文件双击，将该文件置入到当前文件中，然后将其排放到适当位置，如图8-359所示。

图8-357 选择对象 　　　图8-358 建立剪切蒙版后的效果 　　　图8-359 置入文件并排放
　　　　　　　　　　　　　　　　　　　　　　　　　　　　　　　　　　　　好后的效果

㊲ 使用选择工具框选所有对象，按【Alt】键将其向左拖动到适当位置以复制一个副本，然后应用【渐变】与【颜色】面板将包装袋的颜色进行更改，并对其的内容稍加变换，即可得到另一种效果，如图8-360所示。

图8-360　复制一个副本并改变排版方式与颜色后的最终效果

8.11 日历设计

应用领域

在制作台历、日历、广告宣传单时，可以使用本例"日历设计"中的制作方法。如图8-361所示为实例效果图，如图8-362所示为类似范例的实际应用效果图。

图8-361 日历设计最终效果图

图8-362 精彩效果欣赏

设计思路

先新建一个文档，再使用矩形工具、【颜色】面板、圆角矩形工具等工具与命令绘制背景，然后使用【置入】、文字工具、矩形网格工具、缩放工具、文字工具、选择工具、【垂直底分布】、【水平居中分布】、拖动并复制等工具与命令为画面添加图片与年份以及日期，最后使用椭圆工具、矩形工具、【渐变】与【颜色】面板、编组、混和工具等工具与命令为日历添加装订线。如图8-363所示为制作流程图。

① 绘制的日历框架结构

② 置入图片并排放到适当位置

③ 输入文字并排放到适当位置

④ 绘制矩形网格

⑤ 输入文字并对齐文字

⑥ 最终效果图

图8-363 制作流程图

![操作步骤图标] **操作步骤**

01 按【Ctrl + N】键新建一个横向的文档，在工具箱中选择■矩形工具，在画面的适当位置单击，在弹出的对话框中设置【宽度】为175mm，【高度】为130mm，如图8-364所示，单击【确定】按钮，得到如图8-365所示的矩形，填充颜色为"C：0，M：15，Y：11，K：0"，如图8-366所示。

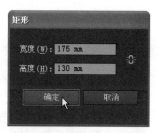

图8-364 【矩形】对话框

图8-365 绘制矩形

02 在工具箱中选择■圆角矩形工具，在画面中绘制一个圆角矩形，在【颜色】面板中设置填色为无，描边为白色，如图8-367所示。

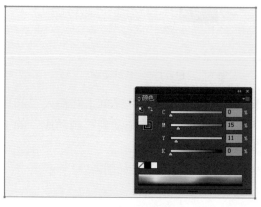

图8-366 填充颜色

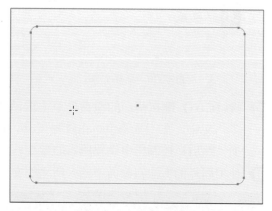

图8-367 绘制圆角矩形

03 在【文件】菜单中执行【置入】命令，在弹出的对话框中选择要置入的图片并取消【链接】的勾选，再单击【置入】按钮，即可将选择的图片置入到画面中，然后将它放到如图8-368所示的位置，并适当调整它的大小。

04 在工具箱中选择■文字工具，在画面中图片的下方单击并输入所需的文字，选择文字后在控制栏中设置所需的参数，如图8-369所示。

05 在画面中选择"马"字，在【字符】面板中设置【字体大小】为48pt，如图8-370所示。然后选择"到功成"文字，在【字符】面板中设置所需的参数，如图8-371所示。

图8-368　置入图片

图8-369　输入文字

图8-370　编辑文字

图8-371　编辑文字

06 按【Ctrl】键在画面的空白处单击取消选择，再在画面的适当位置单击并输入"2014年"文字，在工具箱中单击选择工具，确认文字输入，并将其拖动到"到功成"的上面，然后在控制栏中设置所需的参数，如图8-372所示。

07 使用同样的方法在画面中输入所需的文字，输入好文字后的效果如图8-373所示。

图8-372　输入文字

图8-373　输入文字

08 在工具箱中双击▦矩形网格工具，在弹出的对话框中设置水平分隔线的【数量】为5，垂直分隔线的【数量】为6，其他不变，如图8-374所示，然后在画面中适当位置绘制出一个网格，并在【颜色】面板中设置描边为白色，如图8-375所示。

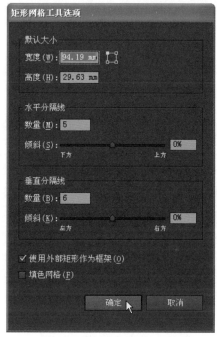

图8-374　【矩形网格工具】对话框

图8-375　绘制出一个网格

09 使用缩放工具将画面中的网格框住，如图8-376所示，松开左键后即可将其放大。

图8-376　调整网格大小

10 使用文字工具在画面中第1个网格内当指针呈⬚状时单击并输入"日"字，选择文字后在控制栏中设置填色为红色，【字符】面板中设置【字体】为黑体，【大小】为12pt，如图8-377所示。使用同样的方法分别在画面上如图8-378所示的位置输入相关的文字。

图8-377 输入文字

图8-378 输入文字

⑪ 在工具箱中单击 选择工具，按【Shift】键在画面中选择刚输入的文字，以同时选择它们，然后在控制栏中打开【对齐】面板，再在其中单击【垂直底分布】按钮与【水平居中分布】按钮，使所选的对象底部对齐并且间距相等，如图8-379所示。

⑫ 使用同样的方法在画面中网格的第二行、第四列单击并输入"1元旦"文字，如图8-380所示，选择"1"数字，再在控制栏中设置所需的参数，如图8-381所示。

图8-379 对齐文字

图8-380 输入文字

⑬ 选择"元旦"文字，然后在控制栏中设置所需的字体、字体大小、缩放以及颜色，如图8-382所示。

图8-381 编辑文字

图8-382 编辑文字

⑭ 在工具箱中单击选择工具，按【Alt + Shift】键将其向右拖动到另一个网格内，以复制一个副本，如图8-383所示，然后使用文字工具将文字进行更改，需要改颜色的就改颜色，结果如图8-384所示。

⑮ 使用上步同样的方法在画面中其他的网格内也输入文字，输入好文字后的效果如图8-385所示。

图8-383 复制文字

图8-384 编辑文字

图8-385 复制并编辑文字

提 示

可以使用选择工具将输入好的文字进行先复制到每个格子中，然后使用文字工具对文字进行更改。

⑯ 在工具箱中单击选择工具，按【Shift】键在画面中选择第2行网格中的文字，以同时选择它们，然后在控制栏中打开【对齐】面板，在其中单击【垂直底分布】按钮与【水平居中分布】按钮，使所选的对象底部对齐并且间距相等，如图8-386所示。

⑰ 使用同样的方法对其他几行的文字进行对齐分布，调整好后的效果如图8-387所示。

图8-386 对齐文字

图8-387 复制并对齐文字

⑱ 按【Ctrl + −】键缩小画面，以查看效果，如图8-388所示。

⑲ 在工具箱中选择◯椭圆工具，按【Shift】键在画面的顶部适当位置绘制一个圆形，显示【渐变】面板，在其中设置【类型】为径向，其他不变，如图8-389所示。

图8-388　查看整体效果

图8-389　绘制圆形

⑳ 在工具箱中选择矩形工具，在画面中刚绘制圆形的上方绘制一个矩形，再在【渐变】面板中设置所需的渐变颜色，如图8-390所示。

提　示

　　色标①的颜色为黑色，色标②的颜色为黄色，色标③的颜色为白色，色标④的颜色为"C：40，M：70，Y：100，K：50"。

㉑ 在工具箱中单击选择工具，按【Shift】键单击圆形以同时选择圆形与矩形，按【Ctrl +G】键将它们编组，然后按【Alt + Shift】键向右拖到适当位置，以复制一个副本，画面效果如图8-391所示。

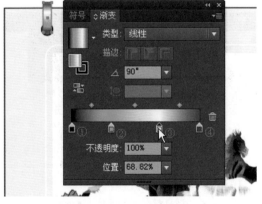

图8-390　绘制矩形并填充渐变颜色

图8-391　拖动并复制一个副本

㉒ 在工具箱中双击 混和工具，在弹出的对话框中设置【间距】为指定的步数，步数为8，其他不变，如图8-392所示，单击【确定】按钮，然后分别在两个编组对象中单击，以将它们进行混合，混合后的效果如图8-393所示。日历就制作完成了。

图8-392 【混和选项】对话框

图8-393 混合后的效果

8.12 包装平面效果图设计

 **应用领域**

在进行包装设计和制作广告宣传单时，可以使用本例"包装平面效果图设计"中的制作方法。如图3-394所示为实例效果图，如图3-395所示为类似范例的实际应用效果图。

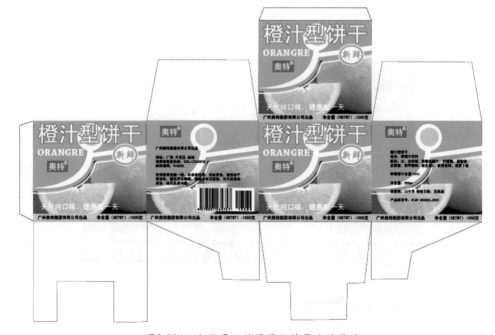

图3-394 包装平面效果图设计最终效果图

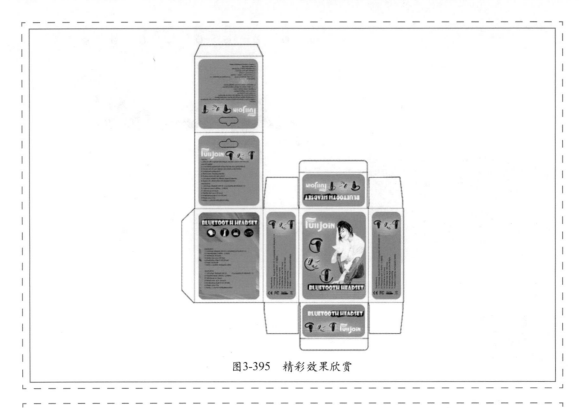

图3-395　精彩效果欣赏

设计思路

先新建一个文档，再使用矩形工具、【置入】、钢笔工具、【颜色】面板、椭圆工具、文字工具、【扩展】、【偏移路径】、【减去顶层】等工具与命令绘制包装正面图，然后使用拖动并复制、【清除】、文字工具等工具与命令绘制侧面与顶面，最后使用钢笔工具绘制包装的结构图。如图3-396所示为制作流程图。

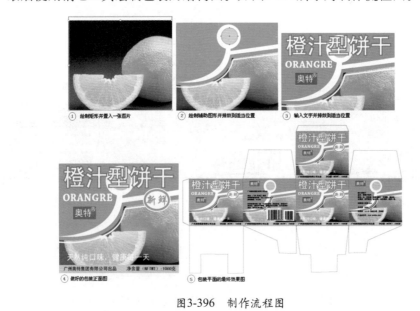

① 绘制矩形并置入一张图片　　② 绘制辅助图形并排放到适当位置　　③ 输入文字并排放到适当位置

④ 做好的包装正面图　　⑤ 包装平面的最终效果图

图3-396　制作流程图

操作步骤

01 按【Ctrl + N】键新建一个大小为620mm×497mm的文档，再在工具箱中选择▣矩形工具，在画面上单击，在弹出的对话框中设置【宽度】为135mm，【高度】为116mm，单击【确定】按钮，得到如图8-397所示的矩形。

02 在菜单中执行【文件】→【置入】命令，置入一张图片并将它排放到如图8-398所示的位置。

图8-397 绘制矩形

图8-398 置入图片

03 在工具箱中选择✐钢笔工具，在画面上勾画出如图8-399所示的辅助图形。

04 在【颜色】面板中设置填色为"C：76.56，M：7.42，Y：100，K：0"，描边为无，如图8-400所示，画面效果如图8-401所示。

图8-399 勾画辅助图形

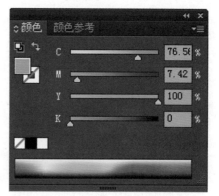

图8-400 【颜色】面板

05 在画面上使用钢笔工具勾画出如图8-402所示的曲线，再按【Ctrl】键在空白处单击进行确认曲线绘制。

图8-401 填充颜色

图8-402 勾画曲线

06 在【颜色】面板中设置填色为无,描边为白色。在【描边】面板中设置【粗细】为 4pt,如图8-403所示,从而得到如图8-404所示的画面效果。

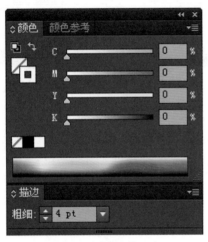

图8-403 【颜色】面板

图8-404 设置描边宽度

07 使用钢笔工具勾画出一个四边形,在【颜色】面板中设置填色为白色,描边为无,画面效果如图8-405所示。

08 在工具箱中选择 椭圆工具,在画面的适当位置绘制一个椭圆,在【颜色】面板中设置填色为白色,描边为无,画面效果如图8-406所示。同样使用椭圆工具在画面上适当位置拖出一个如图8-407所示的椭圆,并在【颜色】面板中设置填色为"C:7.42,M:28.13,Y:89.84,K:0"。

图8-405 勾画图形并填充颜色

图8-406　绘制椭圆并填充颜色

图8-407　绘制椭圆并填充颜色

09 在工具箱中选择 T 文字工具，在画面中适当的位置单击并输入"橙汁型饼干"文字，在【字符】面板中设置【字体】为黑体，【字体大小】为71pt，如图8-408所示。

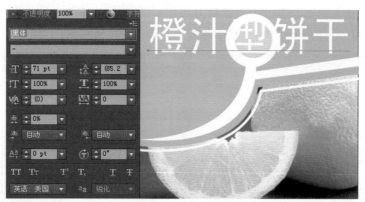
图8-408　输入文字

10 在菜单中执行【对象】→【扩展】命令，在弹出的对话框中勾选【对象】和【填充】选项，如图8-409所示，单击【确定】按钮，得到如图8-410所示的结果。

图8-409　【扩展】对话框

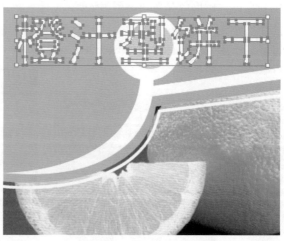
图8-410　应用扩展后的结果

中文版

⓫ 在菜单中执行【对象】→【路径】→【偏移路径】命令，在弹出的对话框中设置【偏移】为1.0583mm，如图8-411所示，单击【确定】按钮，得到如图8-412所示的结果。

图8-411 【偏移路径】对话框

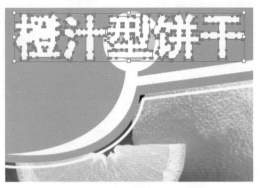

图8-412 偏移路径后的结果

⓬ 在【颜色】面板中设置填色为"C：84.77，M：37.89，Y：100，K：1.95"，画面效果如图8-413所示。

⓭ 使用文字工具在画面中适当的位置单击并输入"ORANGE"字母，在【字符】面板中设置【字体】为Chaparral Pro，【字体大小】为27.39，如图8-414所示。

图8-413 填充颜色后的结果

图8-414 输入文字

⓮ 使用矩形工具在画面上刚输入文字的下方拖出一个矩形，再在【颜色】面板中设置填色为红色，画面效果如图8-415所示。

⓯ 使用文字工具在画面中刚绘制的矩形上单击并输入"奥特"文字，在【字符】面板中设置【字体】为黑体，【字体大小】为27.39pt，如图8-416所示。

图8-415 绘制矩形

图8-416 输入文字

⑯ 在空白处单击取消选择，再在【颜色】面板中设置填色为"C：14.9，M：74.9，Y：100，K：0"；描边为无，使用椭圆工具在画面空白处单击，在弹出的对话框中设置【宽度】和【高度】为50mm，如图8-417所示，单击【确定】按钮，得到如图8-418所示的圆。

图8-417 【椭圆】对话框

图8-418 绘制圆形

⑰ 在菜单中执行【对象】→【路径】→【偏移路径】命令，在弹出的对话框中设置【偏移】为 -3.5278mm，如图8-419所示，单击【确定】按钮，得到如图8-420所示的结果。

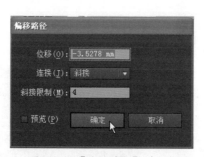

图8-419 【偏移路径】对话框

图8-420 偏移路径后的结果

⑱ 使用选择工具框选这两个圆，再在【路径查找器】面板中单击【减去顶层】按钮，将选择的两个圆进行修剪，以得到一个圆环，如图8-421所示。

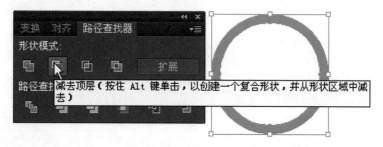

图8-421 对两个圆进行修剪

⑲ 使用文字工具在画面中圆环内单击并输入"A"字，在控制栏的【字符】面板中设置【字体】为Arial，【大小】为130pt，如图8-422所示。

⑳ 使用选择工具框选圆环与文字，然后按【Ctrl + G】键将它们编组，再按【Alt】键将其拖动并复制到所需的位置，然后按【Shift】键将它等比缩小，在【颜色】面板中设置它的填色为白色，复制并调整后的效果如图8-423所示。

图8-422 输入文字　　　　　　　　图8-423 拖动并复制图形文字

㉑ 使用椭圆工具在画面上拖出如图8-424所示的椭圆，填色为白色，描边为无。

㉒ 在菜单中执行【对象】→【路径】→【偏移路径】命令，在弹出的对话框中设置【偏移】为－3px，如图8-425所示，单击【确定】按钮，得到如图8-426所示的结果。

㉓ 在【颜色】面板中将它的填色改为"C：76.56，M：7.42，Y：100，K：100"，如图8-427所示。

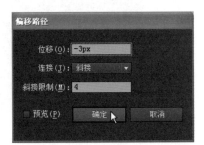

图8-424 绘制椭圆　　　　　　　　图8-425 【偏移路径】对话框

图8-426 偏移路径后的结果　　　　　　图8-427 给椭圆填充颜色

㉔ 在菜单中执行【对象】→【路径】→【偏移路径】命令，在弹出的对话框中设置【偏移】为－6px，如图8-428所示，单击【确定】按钮，在【颜色】面板中设置填色为白色，得到如图8-429所示的结果。

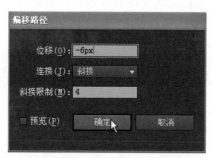

图8-428 【偏移路径】对话框

图8-429 偏移路径并填充颜色

㉕ 使用文字工具在画面中白色椭圆内单击并输入"新鲜"文字,在控制栏的【字符】面板中设置【字体】为华文行楷,【字体大小】为35pt,如图8-430所示。

㉖ 使用矩形工具在画面的底部沿着画面边缘拖出一个矩形,在【颜色】面板中设置填色为黄色,画面效果如图8-431所示。

图8-430 输入文字

图8-431 绘制矩形

㉗ 使用文字工具在画面中适当的位置单击并输入广告词,颜色为白色,如图8-432所示。同样使用文字工具在画面中再输入公司和含量,颜色为黑色,大小视需而定,包装的正面就制作完成了,如图8-433所示。

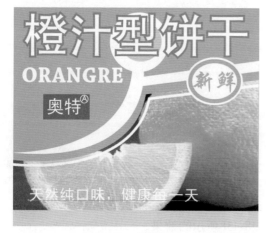

图8-432 输入文字

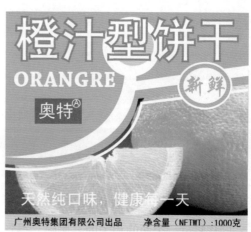

图8-433 输入文字

28 使用选择工具框选已做好的正面，按【Alt + Shift】键水平向右拖到所需的位置，进行复制并相互连接对齐，如图8-434所示。

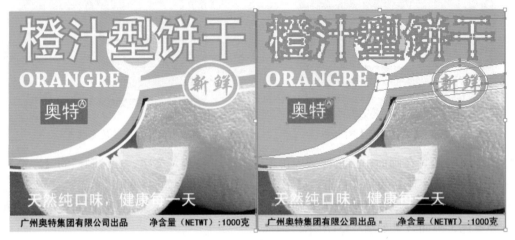

图8-434　复制并相互连接对齐

29 使用同样的方法再向左复制两个面，如图8-435所示。

图8-435　复制并相互连接对齐

30 在空白处单击取消选择，再按【Shift】键在最右边的面（第四个面）中依次选择如图8-436所示的内容，然后在键盘上按【Delete】键删除，得到如图8-437所示的效果。

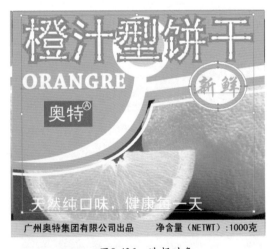

图8-436　选择对象

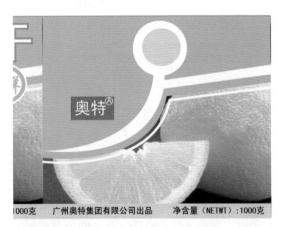

图8-437　删除对象后的结果

31 同样将第二个面的相关内容删除，得到如图8-438所示的效果。

图8-438 删除对象后的结果

32 按【Shift】键在画面上选择要移动的内容，并按【Shift + ↑】键，以及【↑】向上键，将它们移动到如图8-439所示的位置。

图8-439 移动对象

33 使用文字工具在第四个画中拖出一个文本框，再输入产品的相关内容，并根据需要设置字体与字体大小，如图8-440所示。

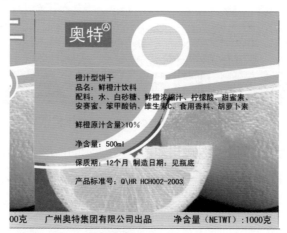

图8-440 输入文字

34 使用同样的方法在第二个面输入相关的内容，如图8-441所示。

图8-441 输入文字

35 打开准备好的条码文件，将其中的条码复制到所需的位置，如图8-442所示。

图8-442　复制条码

36 使用选择工具框选第三个面，按【Alt + Shift】键垂直向上移到适当位置，进行复制并相互连接对齐，如图8-443所示。

图8-443　进行复制并相互连接对齐

37 使用钢笔工具在上方的面上边勾画出如图8-444所示的图形，以表示包装插边的结构。

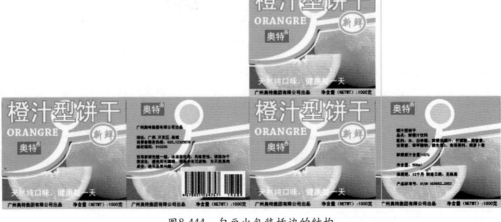

图8-444　勾画出包装插边的结构

38 使用钢笔工具勾画出如图8-445所示的包装结构，包装的平面图就制作完成了。

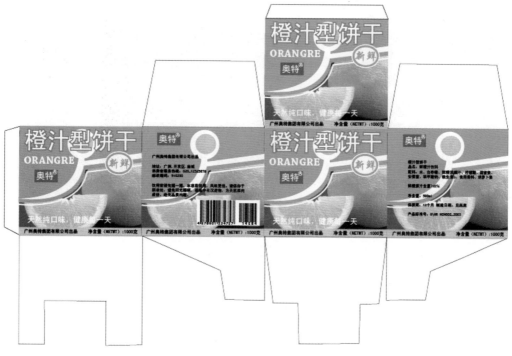

图8-445 包装平面效果图

8.13 包装立体效果图设计

应用领域

　　在进行包装设计和制作广告宣传单、礼品盒时，可以使用本例"包装立体效果图设计"中的制作方法。如图8-446所示为实例效果图，如图8-447所示为类似范例的实际应用效果图。

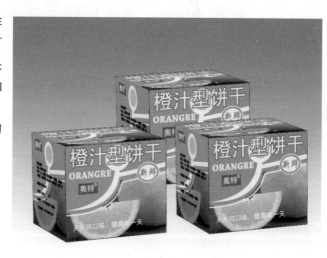

图8-446 包装立体效果图

图8-447　精彩效果欣赏

设计思路

　　先新建一个文档，再使用【打开】、【复制】、【粘贴】、【编组】、【符号】面板、【新建符号】、旋转工具等工具与命令绘制包装平面图中的各面并分别创建成符号，然后使用【凸出和斜角】命令为立方体各面贴图，最后使用矩形工具与【渐变】面板绘制背景。如图8-448所示为制作流程图。

① 选择一个面并进行编组

② 框选一个面并旋转-90°

③ 将选择的面添加到【符号】面板中

④ 绘制一个矩形

⑤ 【3D】预览效果

⑥ 在【3D凸出和斜角选项】中进行贴图

⑦ 立体包装组合的最终效果图

图8-448　制作流程图

操作步骤

01 如果包装平面图已经关闭，可以先打开它，再使用选择工具从平面图中框选如图8-449

所示的两个面，按【Ctrl + C】键进行复制，按【Ctrl + N】键新建一个文档，再按
【Ctrl】+ V】键进行粘贴。

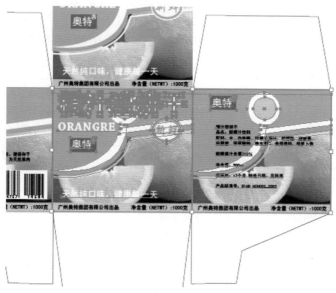

图8-449　选择相应的内容

02　使用选择工具框选如图8-450所示的面，按【Ctrl + G】键进行编组。

03　显示【符号】面板，在右上角单击小三角形按钮，在弹出的菜单中单击【新建符
　　号】命令，如图8-451所示。接着弹出【符号选项】对话框，在其中设置【名称】为
　　01，如图8-452所示，单击【确定】按钮，即可看到【符号】面板中添加了一个符
　　号，如图8-453所示。

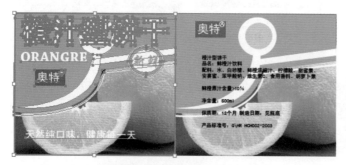

图8-450　选择相应的内容并编组

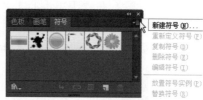

图8-451　【符号】面板

图8-452　【符号选项】对话框

图8-453　【符号】面板

04 使用选择工具框选如图8-454所示的面，按【Ctrl + G】键进行编组。

图8-454　选择相应的内容并编组

05 在工具箱中双击 🔄 旋转工具，弹出【旋转】对话框，在其中设置【角度】为 − 90°，如图8-455所示，单击【确定】按钮，得到如图8-456所示的效果。

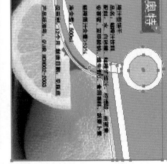

图8-455　【旋转】对话框　　　　　　　　　图8-456　旋转后的结果

06 在【符号】面板中单击右上角的小三角形按钮，在弹出的菜单中单击【新建符号】命令，接着弹出【符号选项】对话框，在其中设置【名称】为02，如图8-457所示，单击【确定】按钮，即可看到【符号】面板中添加了一个符号，如图8-458所示。

图8-457　【符号选项】对话框　　　　　　图8-458　【符号】面板

07 使用矩形工具在画面上单击，在弹出的对话框中设置【宽度】为134mm，【高度】

为116mm，如图8-459所示，单击【确定】按钮，然后在【颜色】面板中设置填色为"C：77，M：7.6，Y：100，K：0"，描边为无，得到如图8-460所示的矩形。

图8-459 【矩形】对话框

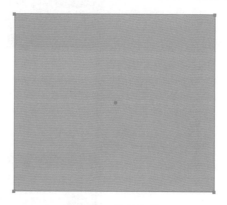

图8-460 绘制矩形

08 在菜单中执行【效果】→【3D】→【凸出和斜角】命令，在弹出的【3D凸出和斜角选项】对话框中设置X轴为－11，Y轴为－21，Z轴为5度，【透视】为14度，【挤压深度】为350pt，再勾选【预览】选项，如图8-461所示，画面效果如图8-462所示。

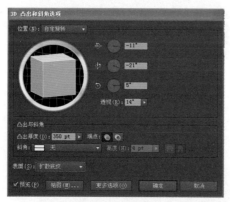

图8-461 【3D凸出和斜角选项】对话框

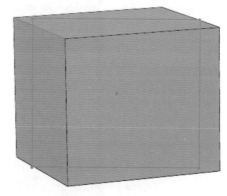

图8-462 【3D】效果

09 在【3D凸出和斜角选项】对话框中单击【贴图】按钮，接着弹出【贴图】对话框，并在画面中出现红色线框，表示红色线框为当前面，如图8-463所示。

图8-463 【贴图】对话框

⑩ 在【贴图】对话框的【符号】下拉列表中选择前面新建的符号01，如图8-464所示。

图8-464 【贴图】对话框

⑪ 在【贴图】对话框中单击 ▶（下一个面）按钮，找到要贴图的一个面，如图8-465所示。在【符号】下拉列表中选择前面新建的符号02，如图8-466所示。

图8-465 【贴图】对话框

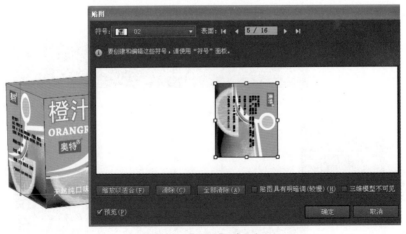

图8-466 【贴图】对话框

⑫ 在【贴图】对话框中单击▶（下一个面）按钮，找到要贴图的一个面，在【符号】下拉列表中选择前面新建的符号01，勾选【贴图具有明暗调（较慢）】选项，如图8-467所示，单击【确定】按钮，返回到【3D凸出和斜角选项】对话框中单击【确定】按钮，得到如图8-468所示的效果。

 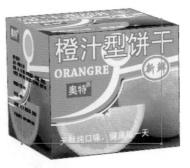

图8-467 【贴图】对话框   图8-468 【3D】效果

⑬ 按【Alt】键将其向右拖到适当位置以复制一个立体包装，如图8-469所示，并将原来复制的平面图删除。

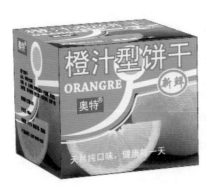 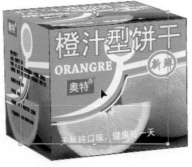

图8-469 复制一个立体包装

⑭ 按【Alt】键将其向上拖到适当位置以复制一个立体包装，再按【Ctrl + Shift + ［】键将其排放到最后面，效果如图8-470所示。

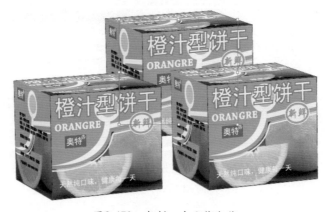

图8-470 复制一个立体包装

⑮ 在工具箱中选择矩形工具，在画面上拖出一个矩形，将立体包装框住，在【渐变】面板中设置左边色标颜色为白色，右边色标的颜色为"C：86，M：50，Y：0，K：0"，【角度】为90°，再按【Ctrl + Shift + [】键将矩形排放到最后面，取消选择，效果如图8-471所示。

图8-471 包装立体效果图

8.14 规划设计

应用领域

在绘制房地产平面效果图、小区规划图、交通效果图、地图时，可以使用本例"规划设计"中的制作方法。如图8-472所示为实例效果图，如图8-473所示为类似范例的实际应用效果图。

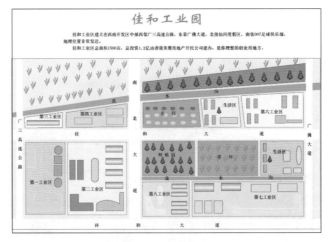

图8-472 规划设计最终效果图

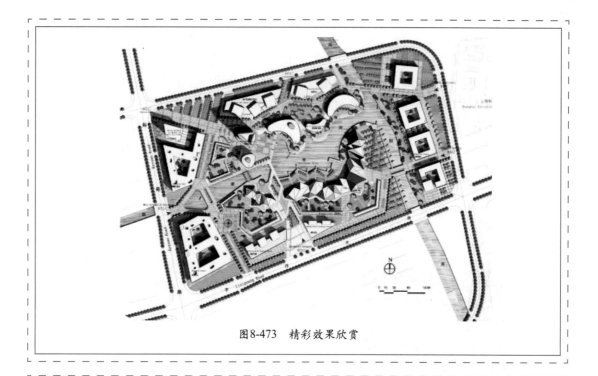

图8-473 精彩效果欣赏

设计思路

先新建一个文档，再使用矩形工具绘制出大概交通图，然后使用文字工具、矩形工具、钢笔工具、椭圆工具、【颜色】与【渐变】面板等工具与命令绘制建筑物、河流、操场等物体，最后使用【打开】、铅笔工具、文字工具等工具与命令为画面添加绿色植物与相关的文字。如图8-474所示为制作流程图。

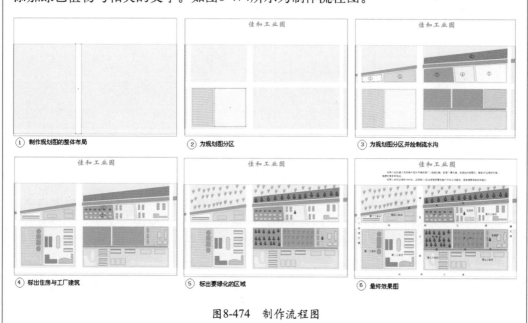

① 制作规划图的整体布局　② 为规划图分区　③ 为规划图分区并绘制流水沟

④ 标出住房与工厂建筑　⑤ 标出要绿化的区域　⑥ 最终效果图

图8-474 制作流程图

操作步骤

01 按【Ctrl + N】键，弹出【新建文档】对话框，在其中设置【大小】为"A4"，【取向】为"横向"，其他不变，单击【确定】按钮，新建一个文档。

02 在工具箱中选择▢矩形工具，在画面的偏下方单击，弹出【矩形】对话框，在其中设置【宽度】为297mm，【高度】为160mm，如图8-475所示，单击【确定】按钮得到一个矩形。显示【颜色】面板，在其中设置填色为"C：12.5，M：0，Y：24.7，K：0"，描边为黑色，在控制栏中设置【粗细】为0.5pt，得到如图8-476所示的效果。

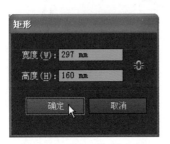

图8-475 【矩形】对话框

图8-476 绘制矩形

03 使用矩形工具在画面中适当位置画一个矩形，在【颜色】面板中设置填色为白色，描边为无，如图8-477所示，用来表示公路。

04 使用矩形工具再画几条公路，如图8-478所示，将公路绘制完成。

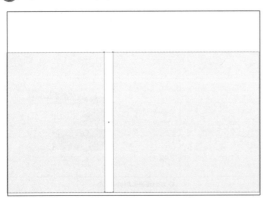

图8-477 绘制公路

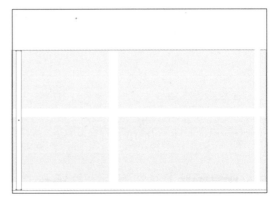

图8-478 绘制公路

05 在工具箱中选择▣文字工具，在画面的顶部单击显示光标后，在控制栏中设置【字体】为华文新魏，【字体大小】为40pt，再输入"佳和工业园"文字，选择直接选择工具确认文字输入，在【颜色】面板中设置填色为"C：94.5，M：0，Y：99.6，K：0"，得到如图8-479所示的效果。

06 使用矩形工具在画面的左下方画一个如图8-480所示的矩形，在【颜色】面板中设置填色为"C：2.75，M：18，Y：30.9，K：0.39"，描边为黑色，在控制栏设置描边【粗细】为0.5pt。

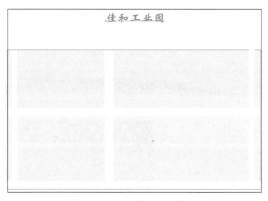

图8-479 输入文字

图8-480 绘制矩形

07 使用矩形工具在画面的左下方画一个如图8-481所示的矩形，并填充颜色为"C：3.53，M：1.18，Y：37.2，K：0"。

08 使用矩形工具在画面的右下角画出如图8-482所示的几个矩形。

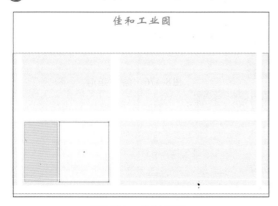

图8-481 绘制矩形

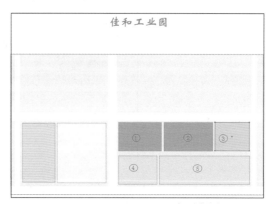

图8-482 绘制矩形

提 示

标号①和②的颜色为"C：64，M：0，Y：100，K：0"；标号③的颜色为"C：23，M：17，Y：5.88，K：0"；标号④和⑤的颜色为"C：31，M：0，Y：5.88，K：0"。

09 使用矩形工具在画面上绘制一个如图8-483所示的矩形，并填充颜色为"C：90.5，M：0，Y：3.92，K：0"，描边为无，用来表示流水沟。

10 在工具箱中选择 钢笔工具，在画面中勾画出如图8-484所示的图形，用来表示"流水沟"，按【Ctrl + [】键将它放到白色公路的下面，如图8-485所示。

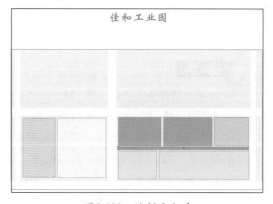

图8-483 绘制流水沟

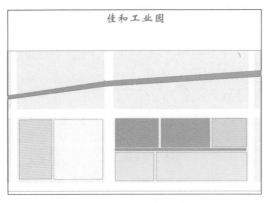

图8-484　绘制流水沟

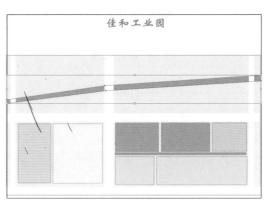

图8-485　放到白色公路的下面

⑪ 使用钢笔工具在画面上勾画出如图8-486所示的几个图形。

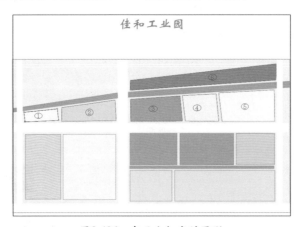

图8-486　勾画出相应的图形

提　示

　　标号①的颜色为"C：6.27，M：1.18，Y：11.7，K：0"；标号②的颜色为"C：30，M：0，Y：24.7，K：0"，标号④的颜色为"C：10.5，M：0，Y：24.7，K：0"，标号⑤的颜色为"C：4.31，M：1.18，Y：11.7，K：0"，标号③和⑥的颜色为"C：64，M：0，Y：100，K：0"。

⑫ 使用矩形工具、椭圆工具、钢笔工具，在画面上画出如图8-487所示的图形。

⑬ 在【颜色】面板中分别对相应的图形进行颜色填充，效果如图8-488所示。

提　示

　　标号①的颜色为"C：19，M：0，Y：95，K：0"；标号②和③的颜色为"C：11，M：26，Y：94，K：2"；标号④的颜色为"C：36，M：0，Y：95，K：0"；标号⑤的颜色为"C：21，M：0，Y：53，K：0"；标号⑥的颜色为"C：1，M：10，Y：34，K：0"；标号⑦的颜色为"C：13，M：0，Y：25，K：0"；标号⑧的颜色为"C：4，M：1，Y：2，K：17"；标号⑨的颜色为"C：11，M：40，Y：92，K：2"；标号⑩的颜色为"C：64，M：0，Y：100，K：0"；标号⑪和⑫的颜色为"C：19，M：0，Y：95，K：0"。

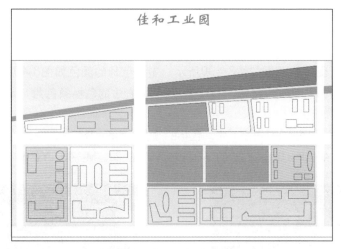

图8-487　勾画出相应的图形

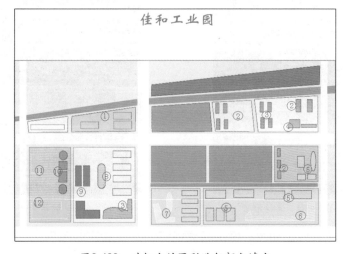

图8-488　对相应的图形进行颜色填充

⑭ 分别对如图8-489所示的图形进行渐变填充。

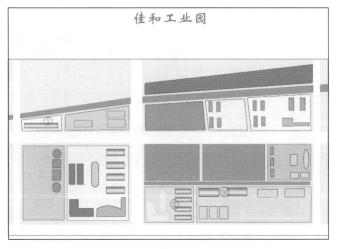

图8-489　对相应的图形进行渐变填充

提 示

渐变①和渐变②的面板如图8-490所示，中间色标的颜色如图8-490所示，左边的色标颜色为"C：71.7，M：0，Y：100，K：0"；右边的色标颜色为"C：87.4，M：0，Y：54.1，K：0"。

渐变③的面板如图8-491所示，中间色标的颜色如图8-491所示，左边的色标颜色为"C：22，M：40，Y：41，K：0"；右边的色标颜色为"C：22，M：40，Y：54.1，K：0"。

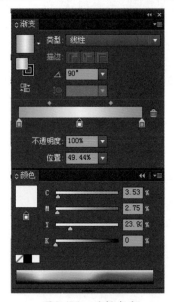

图8-490　编辑渐变

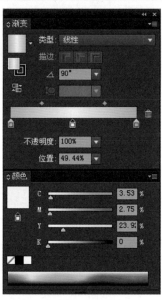

图8-491　编辑渐变

⑮ 使用椭圆工具分别画出如图8-492所示的椭圆并填充相应的颜色。

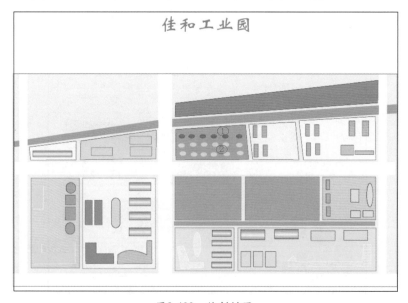

图8-492　绘制椭圆

标号①的颜色为"C：2.75，M：67.8，Y：91.3，K：0"；标号②的颜色为"C：18.8，M：0，Y：94.9，K：0"。

⓰ 按【Ctrl + O】键打开如图8-493所示的图形（配套光盘\素材库\8\树.ai），并使用选择工具选择它，按【Ctrl+ C】键将其内容复制到剪贴板，在【窗口】菜单中选择正在编辑的规划设计文件，再按【Ctrl + V】键将剪贴板中的内容粘贴到画面中并排放到适当位置与缩小到适当大小，然后按下【Alt】键将它拖动到适当位置松开左键和键盘来复制树，拖动并复制多次的效果如图8-494所示。

图8-493　打开的图形

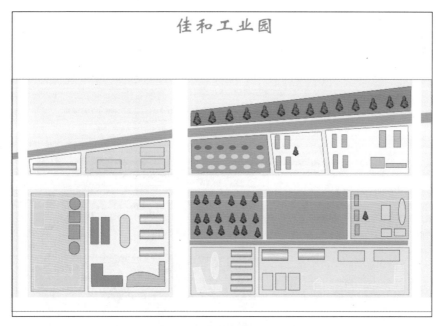

图8-494　拖动并复制多次的效果

⓱ 使用 🖉铅笔工具在画面中勾画如图8-495所示的草，并填充颜色为"C：88.6，M：0，Y：96.4，K：0"。

⓲ 使用选择工具选择三片叶子，将它拖到画面中并缩小到适当大小，然后按下【Alt】键将它拖动到适当位置时松开左键和键盘来复制草，多次复制并移动后的效果如图8-496所示。

⓳ 在工具箱中选择▣文字工具，在画面上需要文字说明的地方单击并输入相应的文字，其【字体】为宋体，【字体大小】为12，效果如图8-497所示。

图8-495　绘制的草

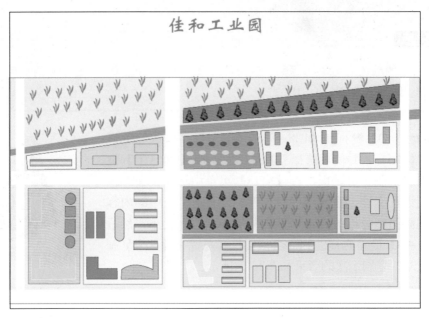

图8-496 多次复制并移动后的效果

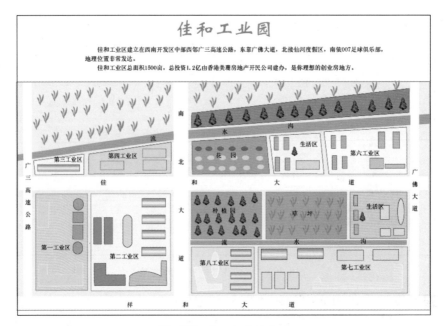

图8-497 输入相应的文字